KB184736

하마랑
과학독해

3학년
1학기

다락원

하마랑 과학독해 3학년 1학기

지은이 김효숙, 이은선, 정연경, 이미희, 홍재연, 홍선경
펴낸이 정규도
펴낸곳 (주)다락원

초판 1쇄 발행 2025년 1월 10일
개정판 1쇄 발행 2025년 2월 20일

편집 이후춘, 전수민, 한채윤

디자인 최예원, 박정현
일러스트 홍선경

다락원 경기도 파주시 문발로 211
내용문의 : (02)736-2031 내선 291~296
구입문의 : (02)736-2031 내선 250~252
Fax : (02)732-2037
출판등록 1977년 9월 16일 제406-2008-000007호

ISBN 978-89-277-7478-5 74400
     978-89-277-7482-2 (세트)

머리말

아이들이 공부를 잘하려면 무엇이 필요할까요? 바로 '문해력'입니다. 문해력은 단순히 글을 읽는 것이 아니라, 글의 의미를 이해하고, 핵심을 정리하며, 생각의 폭을 넓혀 글로 표현할 수 있는 능력입니다.

자기 학년 수준의 교과서를 정확히 읽고 배우는 과정은 아이들의 학습 능력 발달에 매우 중요합니다. 이 능력을 초등학교 시절에 잘 키워두면, 앞으로 배우는 모든 공부에서 큰 자신감과 실력을 발휘할 수 있습니다.

〈하마랑 과학 독해〉는 아이들의 문해력을 키워 줄 아주 특별한 책입니다. 과학 교과서의 내용을 재미있고 알기 쉽게 풀어내어 과학의 세계를 탐험하고 새로운 지식을 배우는 데 도움을 줄 것입니다. 또한, 다양한 학습 활동과 문제들이 준비되어 있어 아이들이 글을 읽고 이해하는 능력을 차근차근 쌓을 수 있도록 도와줍니다.

이 책은 세 가지 단계를 통해 아이들의 문해력을 키워 줍니다.

1단계: 배경지식을 활용해 글의 내용을 예측하고, 필요한 어휘와 개념을 익힙니다.

2단계: 글의 중심 내용을 파악하고, 글의 구조를 이해하며 말로 설명할 수 있습니다.

3단계: 배운 내용을 실생활에 적용하고, 스스로 글을 써 보며 표현하는 힘을 기릅니다.

단계별 학습 과정을 완성하면 읽기 능력뿐만 아니라 생각하는 힘과 표현력까지 키울 수 있습니다.

아이들이 이 책과 함께 과학의 세계를 즐겁게 탐험하며, 새로운 지식을 발견하고, 독해력도 쑥쑥 자라길 기대합니다. 〈하마랑 과학 독해〉가 아이들의 멋진 탐험을 항상 응원할 것입니다.

저자 일동

이 책의 구성

1 생각 열기

1 글이 궁금해져요
글을 읽기 전에 내용을 예측하면 더 재미있고 흥미로워져요.

2 집중해서 읽게 돼요
예측한 내용을 확인하려고 집중해서 읽으면, 잘 이해하고 기억할 수 있어요.

3 내 생각이 쑥쑥 자라요
예측을 통해 내 생각을 말하고, 글을 읽으면서 그 생각이 맞는지 확인하면 생각하는 힘이 커져요.

학습 방법

지시문을 읽고 알고 있는 지식을 바탕으로 답하거나, 자유롭게 상상해서 답해 보세요. 그 이유도 함께 생각해 보고 써 주세요.

1 추론 능력이 향상돼요
단어의 뜻을 짐작하는 과정에서 생각하는 힘이 좋아져요.

2 자신감이 높아져요
짐작한 의미가 맞으면 자신감이 생기고, 다음에 모르는 단어를 만났을 때 도전해 볼 수 있어요.

학습 방법

① 글을 한 번 쭉 읽어 보기
↓
② 모르는 단어에 모두 네모 표시하기
↓
③ 모르는 단어 중 5개를 선택하기
↓
④ 앞뒤 문장을 읽고 문맥에서 단어의 의미를 짐작한 후, 오른쪽 메모 칸과 선으로 연결하고 써 보기

2 어휘 뜻 짐작하기

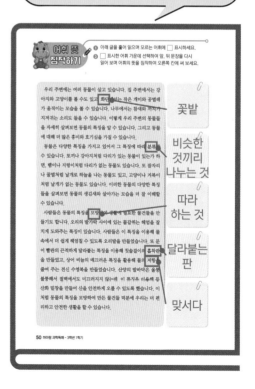

❶ 글을 잘 이해해요
모르는 단어의 뜻을 알면 글의 내용을 잘 이해할 수 있어요.

❷ 새로운 단어를 배워요
새로운 단어를 찾아보면 내가 아는 어휘가 늘어나고,
다양한 표현을 사용할 수 있어요.

❸ 읽기 능력이 향상돼요
모르는 단어의 뜻을 찾고 이해하면 읽기 실력이
좋아져요.

학습 방법
① 말풍선에 짐작한 단어의 뜻을 부록의 '어휘 사전'에서
찾아보고 비교하기
↓
② 단어의 의미를 잘 이해한 후, 내 말로 그 뜻을 정리해서
써 보기

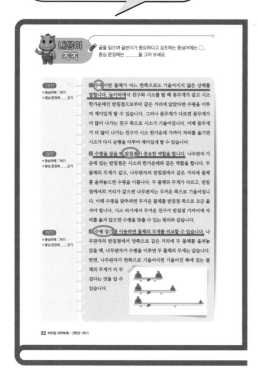

❶ 중심 내용을 생각하며 읽는 습관이 생겨요
글을 읽으면서 '이 글은 무엇에 대해 말하고 있지?'라고
생각하며 읽는 습관이 생겨요.

❷ 글의 핵심을 쉽게 파악해요
글의 중요한 부분을 간단하게 정리하면 쉽게 핵심을 찾고
이해할 수 있어요.

❸ 정보를 잘 기억해요
중요한 정보를 빠르게 찾고, 내용을 잘 기억할 수 있어요.

학습 방법
① 지문을 읽으면서 각 문단의 중심어와 중심 내용을 찾아보기
② 중심어에는 ○, 중심 문장에는 _____을 긋기
③ 중심 문장을 만들어야 할 경우, 먼저 중심어를 찾고 문단의
전체 내용을 포함하는 중심 문장을 만들기
[내용이 쏙쏙 독해 방법 1,2] 참조

5 그래픽 조직자

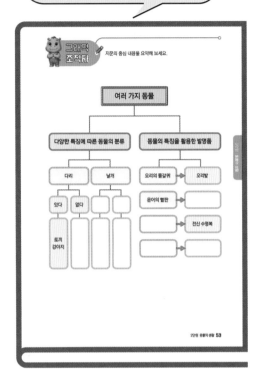

❶ 주요 정보 정리를 잘해요

배우는 내용을 정리하면 한눈에 보기 쉽고, 정보들끼리의 연관성을 쉽게 알 수 있어요.

❷ 이해와 기억이 잘 돼요

글로만 되어 있는 정보를 그림이나 도표를 사용하면 내용을 잘 이해하고 기억할 수 있어요.

학습 방법

① 각 문단에 표시한 중심어, 중심 내용, 세부 내용을 도형, 표, 이미지 등을 사용해서 시각화해 보기
② 중요한 개념의 관계를 생각하며 정리하기
③ 그래픽 조직자를 그릴 때는 빈칸을 메우듯이 하지 말고, 왜 이렇게 구조를 만들었는지 이해하기
④ 그 다음에는 책의 그래픽 조직자를 보지 않고, 스스로 그래픽 조직자를 만들어서 그려 보는 연습하기

❶ 정확하게 이해할 수 있어요

내가 배운 내용을 다른 사람에게 설명하면 내가 아는 것과 모르는 것이 무엇인지 알 수 있어요.

❷ 기억이 잘 나요

소리 내서 말하면 기억이 더 잘 나고, 공부한 내용이 머리에 잘 남아요.

학습 방법

[논리적으로 설명하는 단계별 연습]
말로 설명하기는 혼자서 책상 앞에 인형을 놓고 할 수도 있고, 친구들이나 부모님 앞에서 다양한 방법으로 해 보세요. 이때, 카메라로 설명하는 모습을 찍어 보는 것도 좋아요.
1단계 : 그래픽 조직자에 정리한 내용을 보고 차례대로 설명해 보기
2단계 : 중심어만 보고 나머지 내용은 빈칸 상태에서 기억하면서 말해 보기
3단계 : 전체 빈칸만 보면서 내용을 기억하고 설명해 보기

6 말하는 공부

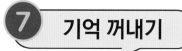

7 기억 꺼내기

❶ **복습으로 실력이 높아져요**

다시 생각해 보면서 배운 내용을 잘 기억할 수 있어요.

❷ **공부가 재미있어요**

배운 내용을 잘 기억하면 자신감이 생기고, 시험이나 발표 때 도움이 돼요.

❸ **문제 해결력이 좋아져요**

배운 내용을 문제에 적용하며 해결할 수 있어요.

학습한 내용을 떠올려 실제 상황에 적용하여 문제를 해결하며 기억하기

8 어휘 놀이터

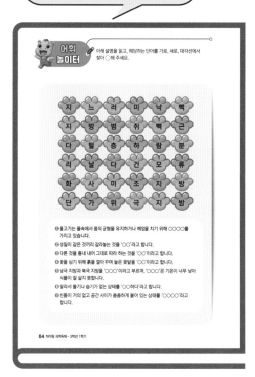

❶ **재미있게 배워요**

게임을 하면서 배우면 재미있고 흥미로워요.

❷ **기억하기 쉽게 익혀요**

게임을 통해 단어를 자주 사용하면 잘 기억할 수 있어요.

❸ **어휘력이 향상돼요**

반복을 많이 할수록 어휘력이 늘어요.

다양한 어휘 게임을 통해 기억한 어휘를 반복적으로 떠올리며 어휘력을 기르기

⑨ 스스로 생각하기

❶ 메타인지가 좋아져요

배운 내용을 다시 생각하면서 내가 잘 이해했는지 확인할 수 있어요.

❷ 배운 내용을 복습해요

내용을 떠올려서 글로 쓰면 잘 기억할 수 있어요.

❸ 표현 능력이 풍부해져요

생각한 내용을 정리해서 쓰면 내 생각을 잘 표현할 수 있어요.

새롭게 배운 내용과 알고 있는 내용을 논리적인 글쓰기로 마무리하기

⑩ 어휘 사전

❶ 새로운 단어를 배울 수 있어요

단원마다 모르는 단어를 쉽게 찾아 익힐 수 있어요.

단원별로 모르는 단어를 찾아서 읽어 본 후, 이해한 내용을 내 표현으로 다시 정리하는 연습하기

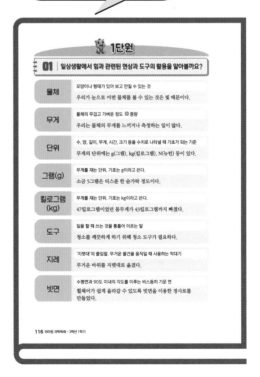

목차

기초 탄탄

내용이 쏙쏙 독해 방법

미션1 중심어를 찾아라!

미션2 중심 문장을 찾아라!

미션1 중심어를 찾아라!

중심어란? 글이나 문장에서 가장 중요한 대상이나 개념을 나타냅니다. 이 책에서는 **둘 이상의 낱말로 이루어진 '중심어구'도 '중심어'로 표현**했습니다.

⫶⫶ 중심어 찾는 방법! (중심어 : ○ 표시)

1 중심어는 글에서 가장 많이 나오는 낱말이에요.

연습 문제 1 이 글의 중심어는 무엇일까요?

> 눈물은 화가 나거나 슬플 때 기분이 나아지게 해 줘요. 화가 날 때는 나도 모르게 얼굴이 빨개지고 눈물이 나와요. 친한 친구와 헤어져야 할 때나 할머니가 돌아가셨을 때도 너무 슬퍼서 눈물이 나오지요. 이럴 때 눈물을 흘리고 나면 슬픈 기분이 한결 나아져요.

➡ 가장 많이 반복되어 나오는 낱말은 □□입니다.

그러므로 이 글의 중심어는 '□□'입니다.

2 중심어는 '무엇이 어떠하다/어찌하다'에서 '무엇이'에 해당하는 낱말이에요.

중심어는 문장이나 문단에서 가장 중요한 대상을 나타냅니다. 이는 바로 '무엇이'에 해당합니다. '어떠하다/어찌하다'는 중심어에 대한 설명이나 상태를 나타냅니다. 즉, 중심어가 어떤 성질이나 상태를 나타내는지(어떠하다) 또는 어떻게 행동하는지(어찌하다)를 설명하는 부분입니다.

연습 문제 2 이 글의 중심어는 무엇일까요?

> 눈물은 눈을 보호해 줘요. 나쁜 세균이 눈에 들어오면 눈물이 흘러나와 세균을 내보내요. 먼지나 다른 물질이 눈에 들어와도 걸러내는 일을 하지요. 놀이터에서 놀다가 모래나 먼지가 눈에 들어가면 눈물이 재빨리 흘러나와 모래와 먼지를 밀어내요.

➡ '무엇이 어떠하다'에서 '무엇이'는 □□이고,

'어떠하다'는 '눈을 보호해 줘요'이다. 그러므로 이 글의 중심어는 '□□'입니다.

물눈 ① 물눈 ② 납장

③ 중심어는 두 개 이상의 낱말로 이루어질 수 있어요.

중심어는 하나의 낱말인 경우도 있지만, 두 개 이상의 낱말로 이루어진 경우도 있어요.

1) 중심어가 하나의 낱말로 이루어진 경우

연습 문제 1 이 글의 중심어는 무엇일까요?

> 조랑말은 오랫동안 사람을 도와주었어요. 농장이나 광산에서는 무거운 물건을 실어 날랐지요. 울퉁불퉁한 시골길에서는 사람을 태우고 다녔지요.

➡ 이 글은 인간을 오랫동안 도와준 □□□에 대한 내용입니다.

그러므로 중심어는 '□□□'입니다.

2) 중심어가 두 개 이상의 낱말로 이루어진 경우

연습 문제 2 이 글의 중심어는 무엇일까요?

> 조랑말의 무늬는 정말 다양해요. 머리에는 흰무늬, 별무늬, 줄무늬 등 여러 모양의 무늬가 있어요. 주둥이의 끝부분만 무늬가 다른 조랑말도 있지요. 다리에 하얀 털이 난 조랑말도 있는데, 마치 양말이나 긴 스타킹을 신은 모양이지요.

➡ 이 글은 □□□의 □□에 대한 내용입니다.

그러므로 중심어는 '□□□의 □□'입니다.

정답 ❶ 조랑말 ❷ 조랑말, 무늬

4 중심어는 '포함하는 말'로 표현할 수 있어요

연습 문제 1 이 글의 중심어는 무엇일까요?

> 피자, 햄버거, 닭튀김, 라면, 냉동 감자튀김은 소금과 설탕이 많이 들어 있어 건강에
> 안 좋을 수 있어요. 이런 음식은 살이 찌거나 병이 생길 위험이 높아질 수 있답니다. 또,
> 필요한 영양소가 부족해져서 피곤해질 수도 있어요.

➡ 이 글은 '피자, 햄버거, 닭튀김, 라면, 냉동 감자튀김이 건강에 해롭다'는 내용입니다.

'무엇이 어떠하다'에서 **무엇은** '피자, 햄버거, 닭튀김, 라면, 냉동 감자튀김'입니다.

이 낱말들을 포함하는 말로 바꾸면 □□□□ □□입니다.

그러므로 중심어는 '□□□□ □□'입니다.

미션2 중심 문장을 찾아라!

글을 읽고 중심 내용을 잘 찾는다는 것은 책을 잘 이해하며 읽는다는 뜻이에요.

◉ 중심 문장이란?

글 전체의 내용을 포함하면서도 가장 중요하고 핵심이 되는 정보를 말합니다. 중심 문장은 글을 읽으면서 가장 핵심이 되는 중심어를 먼저 찾고 나머지 내용을 연결하여 요약 정리하는 과정을 거칩니다.

중심 내용 찾는 방법!

1 문장에서 중심 내용을 찾아요.

> ① '무엇이(누가) 어떠하다(어찌하다)' 또는 '무엇이(누가) 무엇을 어찌하다'를 찾아 밑줄 긋기
>
> ↓
>
> ② 꾸며주거나 반복되는 부분 지우기
>
> ↓
>
> ③ 의미가 통하게 중심 문장 만들기

연습 문제 1 아래 문장에서 중심 내용은 무엇일까요? 문장 ㉠에서 남기고 싶은 말에는 괄호에 'O', 덜 중요해서 지우고 싶은 것에는 'X' 표시하세요. 그리고 'O' 표시한 낱말로 중심 문장을 만들어 보세요.

> ㉠ 늑대의 후각은 인간의 후각보다 100배 더 발달했어요.
>   ( ) ( ) ( )   ( ) ( ) ( )   ( )

➡ 이 문장의 중심 내용을 만들어 볼까요?

　중심어는 '누가(무엇이)'이며 이 문장에서 중심어는 '□□의 □□'입니다.

　중심 문장은 'X' 표시한 내용을 뺀 뒤 문장을 의미가 통하게 정리합니다.

　그러므로 이 문장의 중심 내용은 '＿＿＿＿＿＿＿＿＿＿＿＿' 입니다.

2 문단에서 중심 내용을 찾아요.

[중심 문장이 잘 드러난 문단]

먼저, 문단의 중심 문장을 찾아요. 중심 문장은 글에서 가장 중요한 내용이에요. 그리고 그 중심 문장을 설명해 주는 뒷받침 문장이 있어요. 이렇게 중심 문장과 뒷받침 문장을 구분한 후, 중심 문장을 중심으로 내용을 간단히 정리해요.

여기서 잠깐!

중심 문장은 문단에서 여러 곳에 있을 수 있어요. 그래서 문단에 따라 중심 문장이 어디에 있는지 잘 살펴봐야 해요.

- 대부분 문단의 첫 문장이 중심 문장일 수 있어요.
- 문단의 마지막 문장이 중심 문장일 수도 있어요.
- 문단의 첫 문장에서 중심 내용이 나오고, 마지막 문장에서 다시 강조되기도 해요.
- 가끔은 중간에 중심 문장이 나오는 때도 있어요.

연습 문제 1 중심 문장과 뒷받침 문장을 구분하고 중심 문장을 찾아요.

❶ 늑대들은 우는 소리로 서로 소통해요. ❷ 한 마리가 낑낑거리거나, 으르렁거리거나, 길게 우는 소리를 내면 다른 늑대들도 소리를 내기 시작해요. ❸ 각자의 개성 있는 울음소리로 위치를 전달하고, 애정을 표현하기도 해요.

➡ 이 글에서 ❶ 문장은 중심 문장, ❷, ❸ 문장은 뒷받침 문장입니다.
그러므로 중심 문장은 '_____'입니다.

[중심 문장이 생략된 문단]

연습 문제 2 중심 문장을 만들어 보세요.

> 감기를 빨리 낫게 하려면 백혈구가 힘껏 싸워 이길 수 있도록 따뜻한 물을 계속 마시고, 잘 먹고 푹 쉬어야 해요. 그리고 바깥에 나갔다 돌아오면 손을 깨끗이 씻는 것도 잊지 마세요.

➡ 이 글에서는 감기를 빨리 낫기 위해 우리가 해야 하는 일들이 다양하게 나옵니다.

　　그러므로 중심 문장은 '감기를 빨리 낫게 하는 다양한 □□이 있다.'로 만들 수 있습니다.

연습 문제 3 중심 문장을 만들어 보세요.

> ❶ 안내견은 시각 장애인이 안전하게 길을 가도록 도와줘요. 또, ❷ 개와 고양이는 사람들의 질병이나 상처받은 마음을 치유해 줘요. ❸ 농장에서 일하는 말이나 소들은 농사일을 도와주고, ❹ 경찰견은 범죄자를 잡는 데 큰 역할을 해요.

➡ 각 문장의 중심어인 '누가(무엇이)'에 해당하는 것은 '안내견', '치료 동물', '말과 소', '경찰견'이에요.

　　이 낱말을 모두 포함하는 낱말은 □□입니다.

　　또, '어찌하다(어떠하다)'에 해당하는 내용은 '안전하게 길을 가도록 도와줘요', '위로하고 기분을 좋게 해 줘요', '농사일을 도와주고', '범죄자를 잡는 데 큰 역할'입니다.

　　이것들을 모두 포괄하는 하나의 문장으로 만들면 '＿＿＿＿＿＿＿＿＿＿'입니다.

> 중심 문장이 생략된 경우에는 포괄하는 하나의 문장으로 만들 수도 있고,
> '제목 붙이기'를 통해 간단하게 표현할 수도 있습니다.

정답 ❶ 동물들은 우리 인간에게 도움을 준다. / 동물 ❷ 방법 ❸ 동물 / 동물들은 사람에게 도움을 주는 고마운 존재이다.

초등 과학 3학년 1학기

1 단원

힘과 우리 생활

01 일상생활에서 힘과 관련된 현상과 도구의 활용을 알아볼까요?

02 수평 잡기로 물체의 무게를 어떻게 비교할까요?

03 저울로 무게를 정확하게 측정해 볼까요?

일상생활에서 힘과 관련된 현상과 도구의 활용을 알아볼까요?

학습 목표

물체를 이동할 때 드는 힘과 도구의 활용을 이해할 수 있어요.

학습 완료 체크

학습이 끝난 코너는 ✔ 체크해 보세요.

- ☐ 생각 열기
- ☐ 어휘 뜻 짐작하기
- ☐ 어휘력이 쑥쑥
- ☐ 내용이 쏙쏙
- ☐ 그래픽 조직자
- ☐ 말하는 공부
- ☐ 기억 꺼내기

힘과 도구의 활용에 대해
하롱이와 함께
신나게 공부해 보자~

돼지 사냥꾼이 버럭새의 알을 훔쳐 갔어요. 버럭새가 돼지 사냥꾼의 탑을 무너뜨리고 알을 되찾으려면 비밀 무기를 만들어야 해요. 아래 물건들을 사용해 비밀 무기를 만들어 보세요.

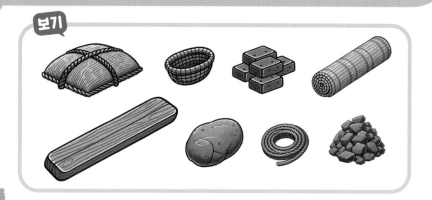

얘들아, 새총보다 더 강력한 비밀 무기 만드는 것을 도와줘.
무엇을 어떻게 만들지 그림과 자세한 설명으로 표현해 주면 좋겠어.

보기

책상 위의 책을 옮기거나, 서랍을 여닫을 때, 사과를 반으로 자르거나 찰흙의 모양을 바꿀 때 모두 힘을 사용합니다. 힘이란 물건을 움직이거나 멈추게 하거나, 모양을 바꾸는 것을 말합니다.

힘은 물체의 무게에 따라 크기가 달라집니다. 물체의 무겁고 가벼운 정도를 무게라고 합니다. 무게가 적게 나가는 물건은 작은 힘으로도 움직일 수 있지만, 무게가 많이 나가는 물건을 움직이려면 더 큰 힘이 필요합니다. 무거운 책상은 옮기기 힘들지만, 가벼운 책은 쉽게 옮길 수 있는 것과 같습니다. 무게의 단위에는 g(그램), kg(킬로그램) 등이 있습니다.

우리 주변에는 작은 힘으로도 무거운 물건을 쉽게 움직일 수 있도록 도와주는 도구들이 있습니다. 지레나 빗면 같은 도구들이 그런 역할을 합니다. 지레는 막대기를 이용해서 무거운 물건을 쉽게 들어 올릴 수 있는 도구입니다. 새총, 투석기, 병따개, 장도리, 가위, 손톱깎이 같은 물건들이 바로 지레의 원리를 이용해 만든 도구입니다. 빗면은 비스듬한 면을 이용해서 무거운 물건을 쉽게 끌어올릴 수 있는 도구입니다. 미끄럼틀이나 휠체어가 다니는 경사로처럼 비스듬한 면을 활용한 것들은 모두 빗면의 원리를 사용한 것입니다.

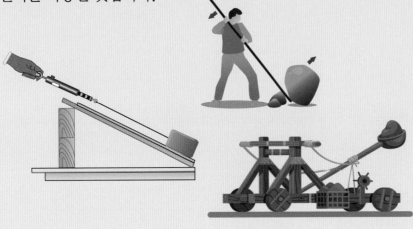

① ☐ 표시한 어휘 중 정확한 뜻을 알고 싶은 어휘를 골라 아래에 쓰세요.

② 어휘 사전에서 어휘의 뜻을 찾아 이해한 뒤, 뜻을 **내 말로** **정리**해 보세요.

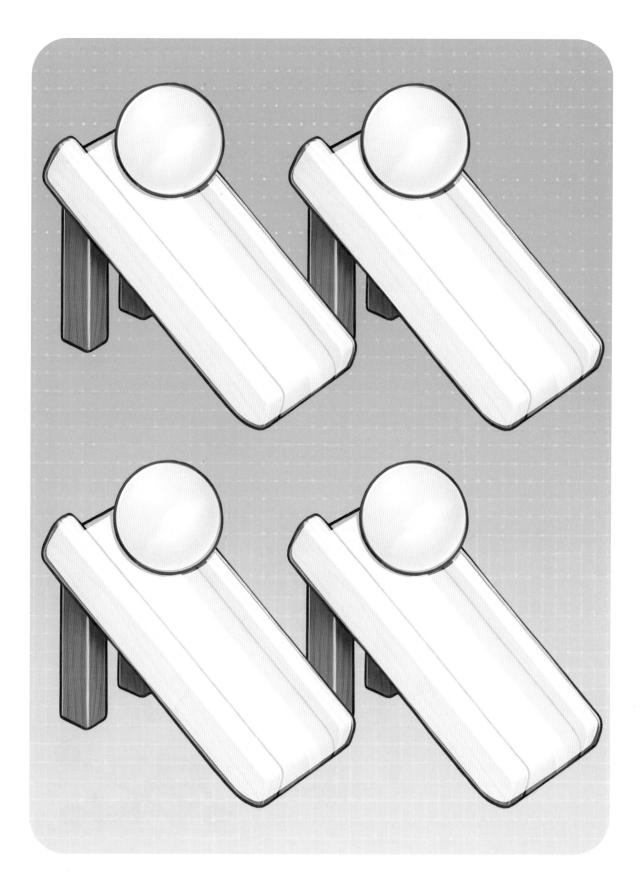

1문단
- 중심어에 ○하기
- 중심 문장에 ＿＿＿굿기

2문단
- 중심어에 ○하기
- 중심 문장에 ＿＿＿굿기

3문단
- 중심어에 ○하기
- 중심 문장에 ＿＿＿굿기
- 도구 2개에 □하기

1 책상 위의 책을 옮기거나, 서랍을 여닫을 때, 사과를 반으로 자르거나 찰흙의 모양을 바꿀 때 모두 힘을 사용합니다. 힘이란 물건을 움직이거나 멈추게 하거나, 모양을 바꾸는 것을 말합니다.

2 힘은 물체의 무게에 따라 크기가 달라집니다. 물체의 무겁고 가벼운 정도를 무게라고 합니다. 무게가 적게 나가는 물건은 작은 힘으로도 움직일 수 있지만, 무게가 많이 나가는 물건을 움직이려면 더 큰 힘이 필요합니다. 무거운 책상은 옮기기 힘들지만, 가벼운 책은 쉽게 옮길 수 있는 것과 같습니다. 무게의 단위에는 g(그램), kg(킬로그램) 등이 있습니다.

3 우리 주변에는 작은 힘으로도 무거운 물건을 쉽게 움직일 수 있도록 도와주는 도구들이 있습니다. 지레나 빗면 같은 도구들이 그런 역할을 합니다. 지레는 막대기를 이용해서 무거운 물건을 쉽게 들어 올릴 수 있는 도구입니다. 새총, 투석기, 병따개, 장도리, 가위, 손톱깎이 같은 물건들이 바로 지레의 원리를 이용해 만든 도구입니다. 빗면은 비스듬한 면을 이용해서 무거운 물건을 쉽게 끌어올릴 수 있는 도구입니다. 미끄럼틀이나 휠체어가 다니는 경사로처럼 비스듬한 면을 활용한 것들은 모두 빗면의 원리를 사용한 것입니다.

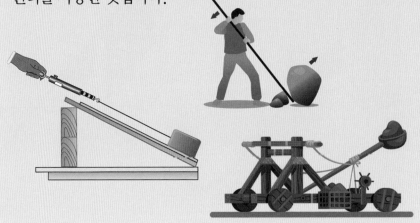

그래픽 조직자 ✏️ 지문의 중심 내용을 요약해 보세요.

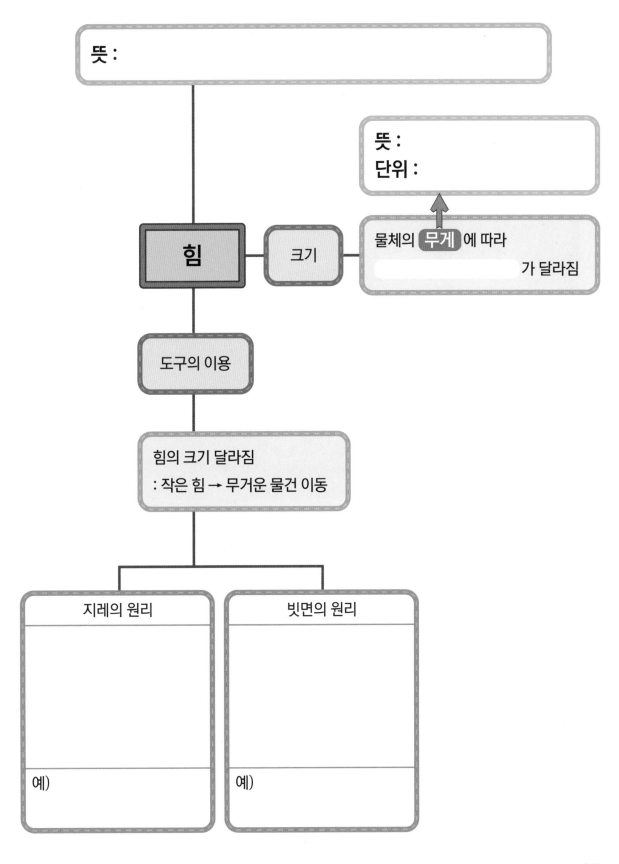

뜻 :

뜻 :
단위 :

힘 — 크기 — 물체의 무게 에 따라   가 달라짐

도구의 이용

힘의 크기 달라짐
: 작은 힘 → 무거운 물건 이동

지레의 원리

예)

빗면의 원리

예)

말하는 공부

배운 내용을 말로 설명하는 과정은 내가 아는 것과 모르는 것을 구분하여 정확하게 이해하고 기억하게 해 주는 최고의 공부법이에요. 앞에 정리한 내용을 떠올리며 번호 순서대로 설명해 보세요.

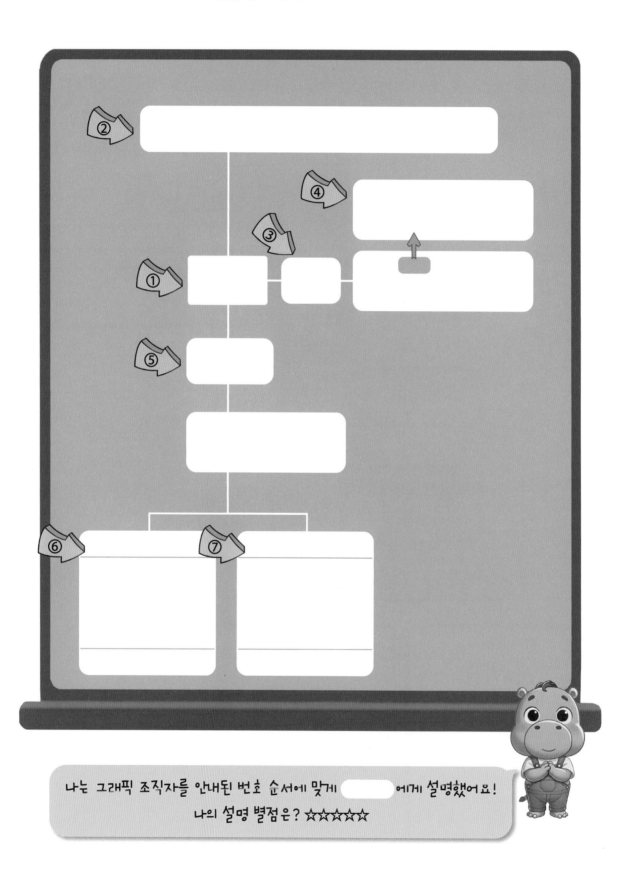

오늘 과학 시간에 '힘'에 대해 배웠어요. 하롱이가 떠올린 단어들과 여러분이 떠올린 단어들을 이용해 오늘 배운 내용을 정리해 보세요.

힘이란 _____

힘의 크기는 _____

_____

작은 힘으로 무거운 물체를 쉽게 움직일 수 있는 도구에는 _____

_____

_____

02 수평 잡기로 물체의 무게를 어떻게 비교할까요?

학습 목표

수평의 개념과 원리를 이해하고 수평 잡기 활동으로
무게를 비교할 수 있어요.

학습 완료 체크

학습이 끝난 코너는 ✔ 체크해 보세요.

- ☐ 생각 열기
- ☐ 어휘 뜻 짐작하기
- ☐ 어휘력이 쑥쑥
- ☐ 내용이 쏙쏙
- ☐ 그래픽 조직자
- ☐ 말하는 공부
- ☐ 기억 꺼내기

수평의 원리를 알고,
무게를 어떻게 비교하는지
하롱이와 함께
신나게 공부해 보자~

어느 날, 늑대가 동물들이 사는 마을에 찾아왔어요. 그는 자신의 생일날, 자신보다 무거운 동물을 잡아먹겠다고 큰소리쳤어요. 늑대의 몸무게보다 2배 더 무거운 돼지 뚱이는 걱정이 태산이에요. 뚱이가 시소를 탈 때 어느 위치에 앉아야 늑대 쪽으로 시소가 기울어질까요?

뚱이야, 시소가 늑대 쪽으로 기울어지게 하려면 _____ 번에 앉아.

그 이유는, _____

_____

_____

어휘 뜻
짐작하기

❶ 아래 글을 훑어 읽으며 모르는 어휘에 ☐ 표시하세요.

❷ ☐ 표시한 어휘 가운데 선택하여 앞, 뒤 문장을 다시 읽어 보며 어휘의 뜻을 짐작하여 오른쪽 칸에 써 보세요.

수평이란 물체가 어느 한쪽으로도 기울어지지 않은 상태를 말합니다. 놀이터에서 친구와 시소를 탈 때 몸무게가 같고 시소 한가운데인 받침점으로부터 같은 거리에 앉았다면 수평을 이루며 재미있게 탈 수 있습니다. 그러나 몸무게가 다르면 몸무게가 더 많이 나가는 친구 쪽으로 시소가 기울어집니다. 이때 몸무게가 더 많이 나가는 친구가 시소 한가운데 가까이 자리를 옮기면 시소가 다시 균형을 이루어 재미있게 탈 수 있습니다.

수평을 잡을 때 받침점이 중요한 역할을 합니다. 나무판자 가운데 있는 받침점은 시소의 한가운데와 같은 역할을 합니다. 두 물체의 무게가 같고, 나무판자의 받침점에서 같은 거리에 물체를 올려놓으면 수평을 이룹니다. 두 물체의 무게가 다르고, 받침점에서의 거리가 같으면 나무판자는 무거운 쪽으로 기울어집니다. 이때 수평을 맞추려면 무거운 물체를 받침점 쪽으로 조금 옮겨야 합니다. 시소 타기에서 무거운 친구가 받침점 가까이에 자리를 옮겨 앉으면 수평을 맞출 수 있는 원리와 같습니다.

수평 잡기를 이용하면 물체의 무게를 비교할 수 있습니다. 나무판자의 받침점에서 양쪽으로 같은 거리에 두 물체를 올려놓았을 때, 나무판자가 수평을 이루면 두 물체의 무게는 같습니다. 반면, 나무판자가 한쪽으로 기울어지면 기울어진 쪽에 있는 물체의 무게가 더 무겁다는 것을 알 수 있습니다.

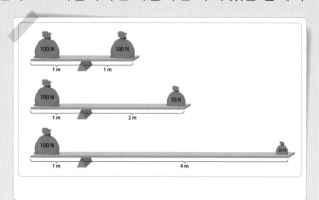

 **어휘력이 쑥쑥**

① ☐ 표시한 어휘 중 정확한 뜻을 알고 싶은 어휘를 골라 아래에 쓰세요.

② 어휘 사전에서 어휘의 뜻을 찾아 이해한 뒤, 뜻을 **내 말로 정리**해 보세요.

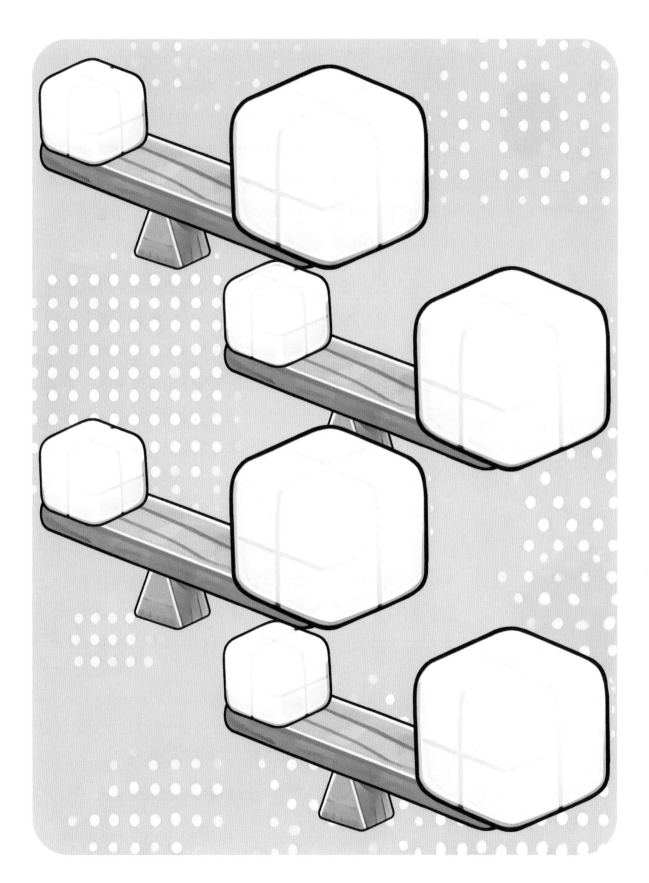

글을 읽으며 글쓴이가 중요하다고 강조하는 중심어에는 ◯, 중심 문장에는 _____을 그어 보세요.

1문단
● 중심어에 ◯하기
● 중심 문장에 ____긋기

1 수평이란 물체가 어느 한쪽으로도 기울어지지 않은 상태를 말합니다. 놀이터에서 친구와 시소를 탈 때 몸무게가 같고 시소 한가운데인 받침점으로부터 같은 거리에 앉았다면 수평을 이루며 재미있게 탈 수 있습니다. 그러나 몸무게가 다르면 몸무게가 더 많이 나가는 친구 쪽으로 시소가 기울어집니다. 이때 몸무게가 더 많이 나가는 친구가 시소 한가운데 가까이 자리를 옮기면 시소가 다시 균형을 이루어 재미있게 탈 수 있습니다.

2문단
● 중심어에 ◯하기
● 중심 문장에 ____긋기

2 수평을 잡을 때 받침점이 중요한 역할을 합니다. 나무판자 가운데 있는 받침점은 시소의 한가운데와 같은 역할을 합니다. 두 물체의 무게가 같고, 나무판자의 받침점에서 같은 거리에 물체를 올려놓으면 수평을 이룹니다. 두 물체의 무게가 다르고, 받침점에서의 거리가 같으면 나무판자는 무거운 쪽으로 기울어집니다. 이때 수평을 맞추려면 무거운 물체를 받침점 쪽으로 조금 옮겨야 합니다. 시소 타기에서 무거운 친구가 받침점 가까이에 자리를 옮겨 앉으면 수평을 맞출 수 있는 원리와 같습니다.

3문단
● 중심어에 ◯하기
● 중심 문장에 ____긋기

3 수평 잡기를 이용하면 물체의 무게를 비교할 수 있습니다. 나무판자의 받침점에서 양쪽으로 같은 거리에 두 물체를 올려놓았을 때, 나무판자가 수평을 이루면 두 물체의 무게는 같습니다. 반면, 나무판자가 한쪽으로 기울어지면 기울어진 쪽에 있는 물체의 무게가 더 무겁다는 것을 알 수 있습니다.

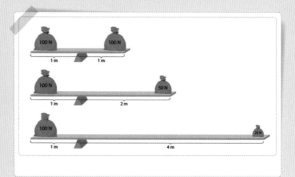

지문의 중심 내용을 요약해 보세요.

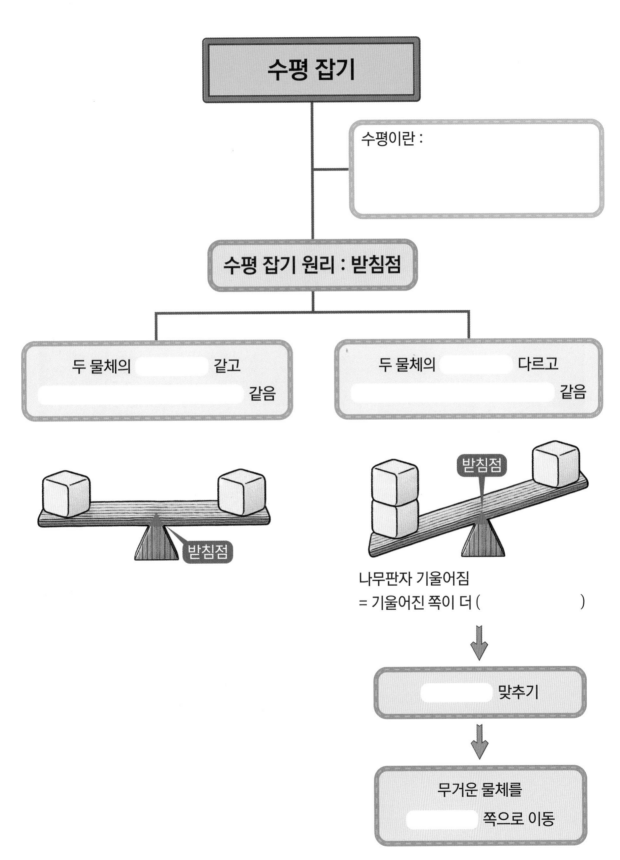

수평 잡기

수평이란 :

수평 잡기 원리 : 받침점

두 물체의 □□□ 같고
□□□□□□□□□ 같음

두 물체의 □□□ 다르고
□□□□□□□□□ 같음

받침점

받침점

나무판자 기울어짐
= 기울어진 쪽이 더 (   )

□□□□□ 맞추기

무거운 물체를
□□□□□ 쪽으로 이동

말하는 공부

배운 내용을 말로 설명하는 과정은 내가 아는 것과 모르는 것을 구분하여 정확하게 이해하고 기억하게 해 주는 최고의 공부법이에요. 앞에 정리한 내용을 떠올리며 번호 순서대로 설명해 보세요.

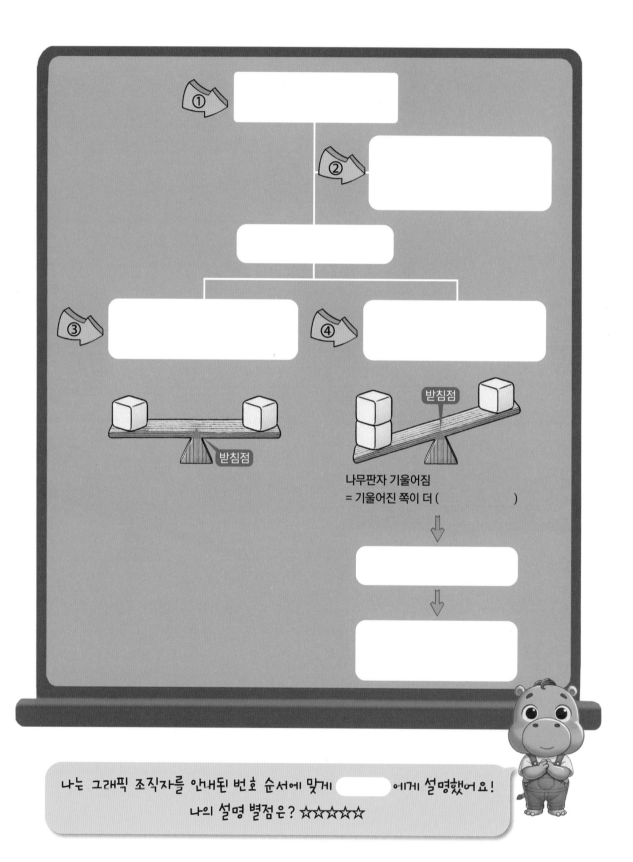

받침점

나무판자 기울어짐
= 기울어진 쪽이 더 (   )

나는 그래픽 조직자를 안내된 번호 순서에 맞게   에게 설명했어요!
나의 설명 별점은? ☆☆☆☆☆

시소를 탈 때 수평을 맞추려고 합니다. 수평 잡기 할 때 알맞은 방법을 찾아가면, 균형을 맞추며 즐겁게 시소를 타는 아이들을 만날 수 있어요. 함께 찾아가 볼까요?

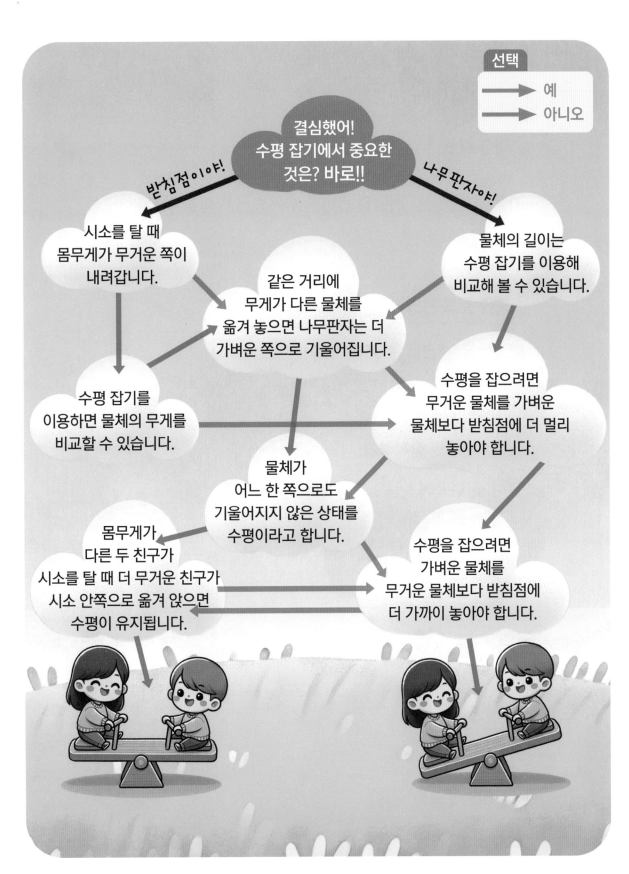

선택

→ 예
→ 아니오

결심했어! 수평 잡기에서 중요한 것은? 바로!!

받침점이야!

나무판자야!

시소를 탈 때 몸무게가 무거운 쪽이 내려갑니다.

같은 거리에 무게가 다른 물체를 옮겨 놓으면 나무판자는 더 가벼운 쪽으로 기울어집니다.

물체의 길이는 수평 잡기를 이용해 비교해 볼 수 있습니다.

수평 잡기를 이용하면 물체의 무게를 비교할 수 있습니다.

수평을 잡으려면 무거운 물체를 가벼운 물체보다 받침점에 더 멀리 놓아야 합니다.

물체가 어느 한 쪽으로도 기울어지지 않은 상태를 수평이라고 합니다.

몸무게가 다른 두 친구가 시소를 탈 때 더 무거운 친구가 시소 안쪽으로 옮겨 앉으면 수평이 유지됩니다.

수평을 잡으려면 가벼운 물체를 무거운 물체보다 받침점에 더 가까이 놓아야 합니다.

학습 목표

저울을 사용하는 까닭과 올바른 사용법을 이해할 수 있어요.

학습 완료 체크

학습이 끝난 코너는 ✔ 체크해 보세요.

- ☐ 생각 열기
- ☐ 어휘 뜻 짐작하기
- ☐ 어휘력이 쑥쑥
- ☐ 내용이 쏙쏙
- ☐ 그래픽 조직자
- ☐ 말하는 공부
- ☐ 기억 꺼내기

저울의 필요성을 알고
올바른 사용법을
하롱이와 함께
신나게 공부해 보자~

생각
열기

볼펜 속에는 쇠로 만들어진 작은 용수철이 들어 있어요.
용수철이란 이름은 용의 이것을 보고 지은 이름이라고 해요.
과연 용의 어떤 부분이 볼펜 속 용수철과 닮았다고 생각했을지
표시해 보고 까닭도 써 보세요.

어휘 뜻
짐작하기

❶ 아래 글을 훑어 읽으며 모르는 어휘에 ☐ 표시하세요.

❷ ☐ 표시한 어휘 가운데 선택하여 앞, 뒤 문장을 다시
읽어 보며 어휘의 뜻을 짐작하여 오른쪽 칸에 써 보세요.

　물건이 무겁거나 가볍다는 느낌은 사람마다 다르게 느낄 수 있습니다. 무겁고 가벼운 정도를 어림잡아 알 수는 있지만, 물건의 정확한 무게는 알기 어렵습니다. 하지만 저울을 사용하면 물체의 무게를 정확하게 비교할 수 있습니다. 저울은 무게를 정확하게 잴 수 있는 도구이기 때문입니다.

　우리가 생활하면서 저울이 왜 필요할까요? 저울을 사용하면 상품을 무게에 따라 알맞은 가격으로 사고팔 수 있습니다. 가게에서 채소나 고기를 사고팔 때 저울을 사용하면 같은 양을 같은 가격에 사고팔 수 있습니다. 또 스포츠 경기에서는 공정한 경기를 할 수 있습니다. 씨름이나 권투 경기를 할 때 선수들의 몸무게를 재서 비슷한 체급끼리 경기를 해야 하므로 저울로 정확하게 측정해야 합니다.

　저울로 물체의 무게를 잴 때는 몇 가지 주의할 점이 있습니다. 먼저 저울이 잴 수 있는 무게의 범위를 확인해야 합니다. 그런 다음 영점을 맞추는 것이 중요합니다. 용수철저울은 영점 조절 나사를 돌려 표시 자를 눈금 '0'에 맞춥니다. 이를 영점 조절이라고 합니다. 용수철저울에 물체를 걸고 표시 자가 가리키는 눈금을 읽으면 됩니다. 이때 눈금과 눈높이를 맞추어 숫자와 단위를 정확하게 읽습니다. 전자저울은 평평한 곳에 놓고 영점을 맞춘 후, 물체를 올려놓으면 화면에 무게가 표시됩니다. 전자저울의 화면에 나온 숫자를 그대로 읽으면 됩니다.

우유의 무게는 200g이야.

① ☐ 표시한 어휘 중 정확한 뜻을 알고 싶은 어휘를 골라 아래에 쓰세요.

② 어휘 사전에서 어휘의 뜻을 찾아 이해한 뒤, 뜻을 **내 말로** **정리**해 보세요.

글을 읽으며 글쓴이가 중요하다고 강조하는 중심어에는 ◯, 중심 문장에는 _____을 그어 보세요.

1문단
○ 중심어에 ◯하기
○ 중심 문장에 ____긋기

2문단
○ 제목 붙이기
[   ]

3문단
○ 중심어에 ◯하기
○ 중심 문장에 ____긋기
○ 저울로 무게를 잴 때 주의할 점에 ❶, ❷ 번호 붙이기

1 물건이 무겁거나 가볍다는 느낌은 사람마다 다르게 느낄 수 있습니다. 무겁고 가벼운 정도를 어림잡아 알 수는 있지만, 물건의 정확한 무게는 알기 어렵습니다. 하지만 저울을 사용하면 물체의 무게를 정확하게 비교할 수 있습니다. 저울은 무게를 정확하게 잴 수 있는 도구이기 때문입니다.

2 우리가 생활하면서 저울이 왜 필요할까요? 저울을 사용하면 상품을 무게에 따라 알맞은 가격으로 사고팔 수 있습니다. 가게에서 채소나 고기를 사고팔 때 저울을 사용하면 같은 양을 같은 가격에 사고팔 수 있습니다. 또 스포츠 경기에서는 공정한 경기를 할 수 있습니다. 씨름이나 권투 경기를 할 때 선수들의 몸무게를 재서 비슷한 체급끼리 경기를 해야 하므로 저울로 정확하게 측정해야 합니다.

3 저울로 물체의 무게를 잴 때는 몇 가지 주의할 점이 있습니다. 먼저 저울이 잴 수 있는 무게의 범위를 확인해야 합니다. 그런 다음 영점을 맞추는 것이 중요합니다. 용수철저울은 영점 조절나사를 돌려 표시 자를 눈금 '0'에 맞춥니다. 이를 영점 조절이라고 합니다. 용수철저울에 물체를 걸고 표시 자가 가리키는 눈금을 읽으면 됩니다. 이때 눈금과 눈높이를 맞추어 숫자와 단위를 정확하게 읽습니다. 전자저울은 평평한 곳에 놓고 영점을 맞춘 후, 물체를 올려놓으면 화면에 무게가 표시됩니다. 전자저울의 화면에 나온 숫자를 그대로 읽으면 됩니다.

우유의 무게는 200g이야.

그래픽
조직자

지문의 중심 내용을 요약해 보세요.

뜻 :

저울 ── 필요성 ──┬── 예)
                 └── 예)

주의할 점

①

② 영점 조절

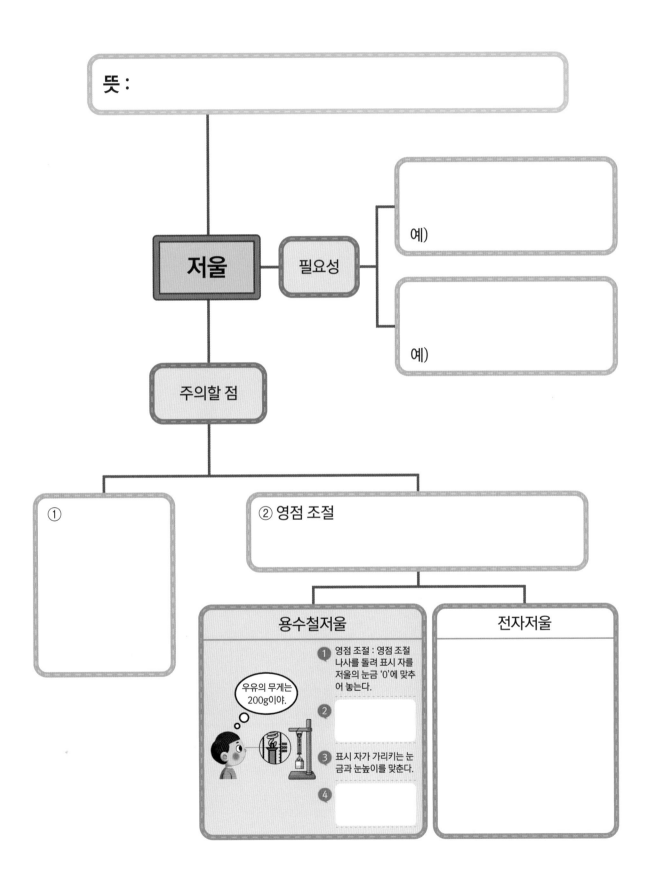

용수철저울

1 영점 조절 : 영점 조절 나사를 돌려 표시 자를 저울의 눈금 '0'에 맞추어 놓는다.

우유의 무게는 200g이야.

2

3 표시 자가 가리키는 눈금과 눈높이를 맞춘다.

4

전자저울

말하는 공부

배운 내용을 말로 설명하는 과정은 내가 아는 것과 모르는 것을 구분하여 정확하게 이해하고 기억하게 해 주는 최고의 공부법이에요. 앞에 정리한 내용을 떠올리며 번호 순서대로 설명해 보세요.

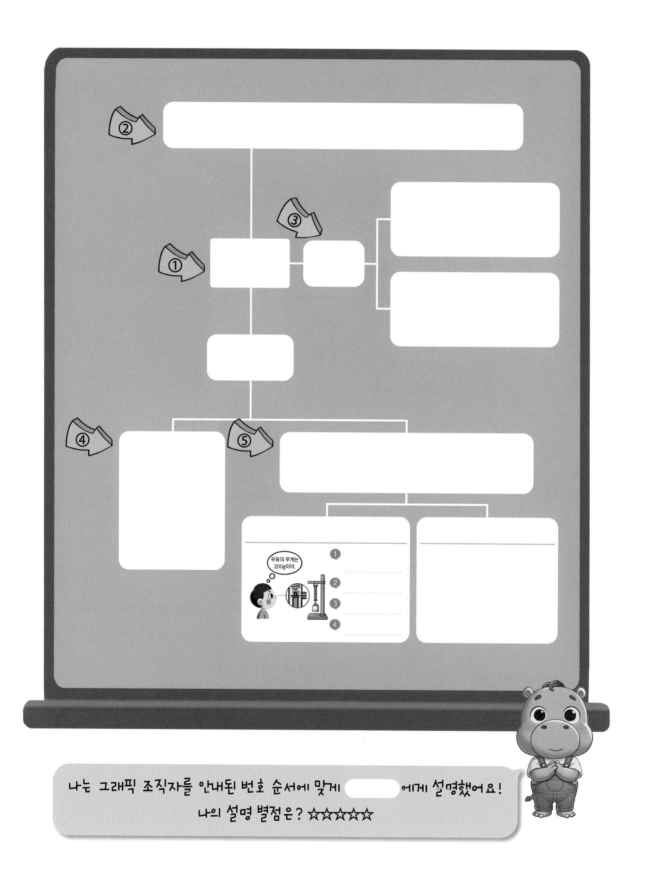

기억 꺼내기

할아버지의 심부름으로 하롱이는 아빠와 함께 비밀 금고를 열어야 해요. 하지만 금고 앞에 선 두 사람은 비밀번호가 잘 떠오르지 않았어요. 그런데 금고 앞에 놓인 힌트 카드가 있었어요. 설명 내용이 올바른 번호를 아래 빈칸에 차례로 써넣은 뒤 마지막 힌트를 읽어 보세요. 과연 금고가 열릴 수 있는 비밀번호는 무엇일까요?

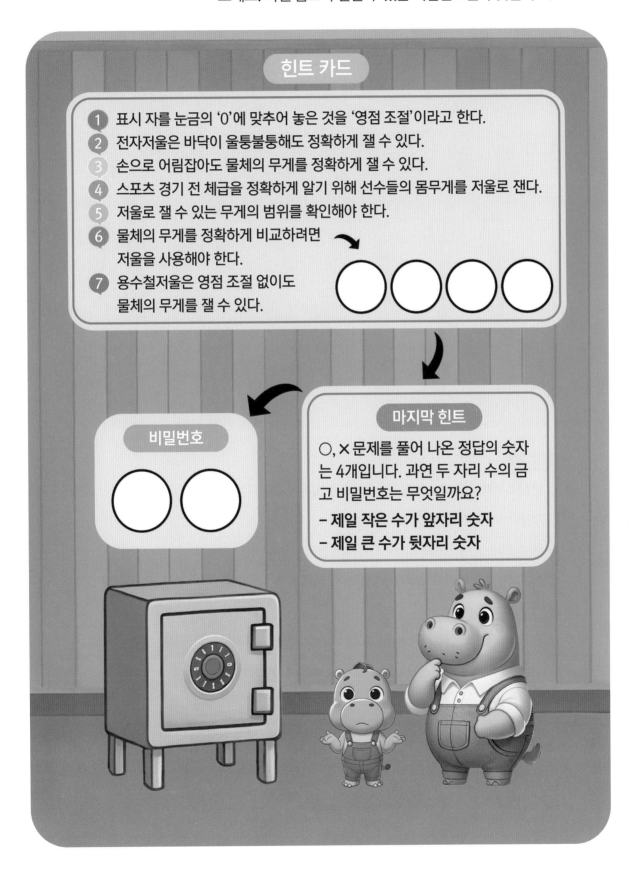

힌트 카드

1. 표시 자를 눈금의 '0'에 맞추어 놓은 것을 '영점 조절'이라고 한다.
2. 전자저울은 바닥이 울퉁불퉁해도 정확하게 잴 수 있다.
3. 손으로 어림잡아도 물체의 무게를 정확하게 잴 수 있다.
4. 스포츠 경기 전 체급을 정확하게 알기 위해 선수들의 몸무게를 저울로 잰다.
5. 저울로 잴 수 있는 무게의 범위를 확인해야 한다.
6. 물체의 무게를 정확하게 비교하려면 저울을 사용해야 한다.
7. 용수철저울은 영점 조절 없이도 물체의 무게를 잴 수 있다.

( ) ( ) ( ) ( )

마지막 힌트

○, × 문제를 풀어 나온 정답의 숫자는 4개입니다. 과연 두 자리 수의 금고 비밀번호는 무엇일까요?

– 제일 작은 수가 앞자리 숫자
– 제일 큰 수가 뒷자리 숫자

비밀번호

( ) ( )

어휘 놀이터

모빌 모양에 알맞은 단어를 넣어 단어 모빌을 완성해 주세요.

가로

❶ 물건의 무게를 잰 후 화면에 표시된 숫자를 읽는 도구는 무엇인가요?

❷ 저울을 사용하기 전 맞추어야 하는 것은?

❸ 물체가 어느 한쪽으로도 기울어지지 않은 상태를 무엇이라고 하나요?

❹ 놀이터에서 양쪽에 앉아서 타는 기구는 무엇인가요?

세로

❶ 용수철의 길이가 일정하게 늘어났다 줄어드는 성질을 이용하여 만든 저울은 무엇인가요?

❷ 수평 잡기에서 중요한 것으로 시소의 한가운데와 같은 나무판자 가운데를 무엇이라고 하나요?

❸ 철사를 나선 모양으로 감아서 만든 것은 무엇일까요?

❹ 용수철저울에서 물체의 무게를 쉽게 눈으로 확인할 수 있게 무게를 가리키는 부분은 무엇일까요?

스스로 생각하기

'힘과 우리 생활' 단원을 배우고 난 뒤, 무엇을 알게 되었는지 기억에 남는 내용을 그림 일기로 표현해 보세요.

월   일   요일 날씨

2 단원

동물의 생활

01 여러 가지 동물의 특징에 따른
분류와 생활 속 모방을 알아볼까요?

02 환경에 따른 동물의 생김새와 생활
방식을 알아볼까요?

여러 가지 동물의 특징에 따른 분류와 생활 속 모방을 알아볼까요?

학습 목표

여러 가지 동물을 특징에 따라 분류할 수 있고,
생활 속 모방을 이해할 수 있다.

학습 완료 체크

학습이 끝난 코너는 ✔ 체크해 보세요.

- ☐ 생각 열기
- ☐ 어휘 뜻 짐작하기
- ☐ 어휘력이 쑥쑥
- ☐ 내용이 쏙쏙
- ☐ 그래픽 조직자
- ☐ 말하는 공부
- ☐ 기억 꺼내기

여러 가지 동물의 특징에
따른 분류와 생활 속 모방을
하롱이와 함께
신나게 공부해 보자~

사람들은 동물의 특징을 모방하여 다양한 물건을 만들어 활용해 왔어요. 아래 각 동물의 특징을 살펴보고, 이를 모방해 만든 물건을 알맞게 연결해 보세요.

물총새는 길고 뾰족한 부리 덕분에 물속에 뛰어들 때 물이 거의 튀지 않습니다.

미끄럽고 높은 유리벽도 거뜬히 올라가는 도마뱀 로봇

수리의 발가락은 먹이를 잘 잡고 절대 놓치지 않습니다.

열차 앞부분을 길쭉하게 만들어 터널 속으로 빠르게 들어가도 시끄러운 소리가 거의 나지 않는 고속 열차

도마뱀붙이는 발바닥에 수백만 개의 털이 있어 벽, 천장을 떨어지지 않고 잘 기어올라갑니다.

무겁고 많은 물건을 집어서 옮기는 집게차

생체 모방 기술은 생물의 좋은 특징을 본떠서 만든 기술을 말합니다. 일상생활용품뿐만 아니라 첨단 과학기술 분야에도 이러한 기술을 활용하고 있습니다.

어휘 뜻 짐작하기

❶ 아래 글을 훑어 읽으며 모르는 어휘에 ☐ 표시하세요.

❷ ☐ 표시한 어휘 가운데 선택하여 앞, 뒤 문장을 다시 읽어 보며 어휘의 뜻을 짐작하여 오른쪽 칸에 써 보세요.

우리 주변에는 여러 동물이 살고 있습니다. 집 주변에서는 강아지와 고양이를 볼 수도 있고, 화단에서는 작은 개미와 공벌레가 움직이는 모습을 볼 수 있습니다. 나무에서는 참새와 까치가 지저귀는 소리도 들을 수 있습니다. 이렇게 우리 주변의 동물들을 자세히 살펴보면 동물의 특징을 알 수 있습니다. 그리고 동물에 대해 더 많은 흥미와 호기심을 가질 수 있습니다.

동물은 다양한 특징을 가지고 있어서 그 특징에 따라 분류할 수 있습니다. 토끼나 강아지처럼 다리가 있는 동물이 있는가 하면, 뱀이나 지렁이처럼 다리가 없는 동물도 있습니다. 또 잠자리나 꿀벌처럼 날개로 하늘을 나는 동물도 있고, 고양이나 거북이처럼 날개가 없는 동물도 있습니다. 이러한 동물의 다양한 특징들을 살펴보면 동물의 생김새와 살아가는 모습을 더 잘 이해할 수 있습니다.

사람들은 동물의 특징을 모방하여 생활에 필요한 물건들을 만들기도 합니다. 오리의 발가락 사이에 있는 물갈퀴는 헤엄을 잘 치게 도와주는 특징이 있습니다. 사람들은 이 특징을 이용해 물속에서 더 쉽게 헤엄칠 수 있도록 오리발을 만들었습니다. 또 문어 빨판의 끈적하게 달라붙는 특징을 이용해 칫솔걸이의 흡착판을 만들었고, 상어 비늘의 매끄러운 특징을 활용해 물의 저항을 줄여 주는 전신 수영복을 만들었습니다. 산양의 발바닥은 울퉁불퉁해서 절벽에서도 미끄러지지 않는데, 이 특징을 이용해 등산화 밑창을 만들어 산을 안전하게 오를 수 있도록 했습니다. 이처럼 동물의 특징을 모방하여 만든 물건들 덕분에 우리는 더 편리하고 안전한 생활을 할 수 있습니다.

❶ ☐ 표시한 어휘 중 정확한 뜻을 알고 싶은 어휘를 골라 아래에 쓰세요.

❷ 어휘 사전에서 어휘의 뜻을 찾아 이해한 뒤, 뜻을 **내 말로** **정리**해 보세요.

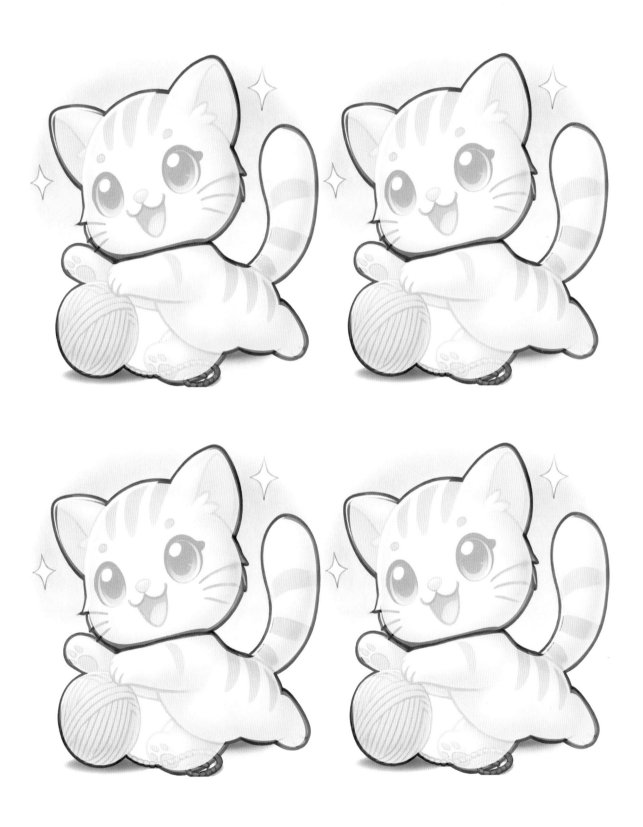

1문단
○ 중심어에 ◯하기
○ 중심 문장에 ___긋기

2문단
○ 중심어에 ◯하기
○ 중심 문장에 ___긋기

3문단
○ 중심어에 ◯하기
○ 중심 문장에 ___긋기

1 우리 주변에는 여러 동물이 살고 있습니다. 집 주변에서는 강아지와 고양이를 볼 수도 있고, 화단에서는 작은 개미와 공벌레가 움직이는 모습을 볼 수 있습니다. 나무에서는 참새와 까치가 지저귀는 소리도 들을 수 있습니다. 이렇게 우리 주변의 동물들을 자세히 살펴보면 동물의 특징을 알 수 있습니다. 그리고 동물에 대해 더 많은 흥미와 호기심을 가질 수 있습니다.

2 동물은 다양한 특징을 가지고 있어서 그 특징에 따라 분류할 수 있습니다. 토끼나 강아지처럼 다리가 있는 동물이 있는가 하면, 뱀이나 지렁이처럼 다리가 없는 동물도 있습니다. 또 잠자리나 꿀벌처럼 날개로 하늘을 나는 동물도 있고, 고양이나 거북이처럼 날개가 없는 동물도 있습니다. 이러한 동물의 다양한 특징들을 살펴보면 동물의 생김새와 살아가는 모습을 더 잘 이해할 수 있습니다.

3 사람들은 동물의 특징을 모방하여 생활에 필요한 물건들을 만들기도 합니다. 오리의 발가락 사이에 있는 물갈퀴는 헤엄을 잘 치게 도와주는 특징이 있습니다. 사람들은 이 특징을 이용해 물속에서 더 쉽게 헤엄칠 수 있도록 오리발을 만들었습니다. 또 문어 빨판의 끈적하게 달라붙는 특징을 이용해 칫솔걸이의 흡착판을 만들었고, 상어 비늘의 매끄러운 특징을 활용해 물의 저항을 줄여주는 전신 수영복을 만들었습니다. 산양의 발바닥은 울퉁불퉁해서 절벽에서도 미끄러지지 않는데, 이 특징을 이용해 등산화 밑창을 만들어 산을 안전하게 오를 수 있도록 했습니다. 이처럼 동물의 특징을 모방하여 만든 물건들 덕분에 우리는 더 편리하고 안전한 생활을 할 수 있습니다.

그래픽
조직자

지문의 중심 내용을 요약해 보세요.

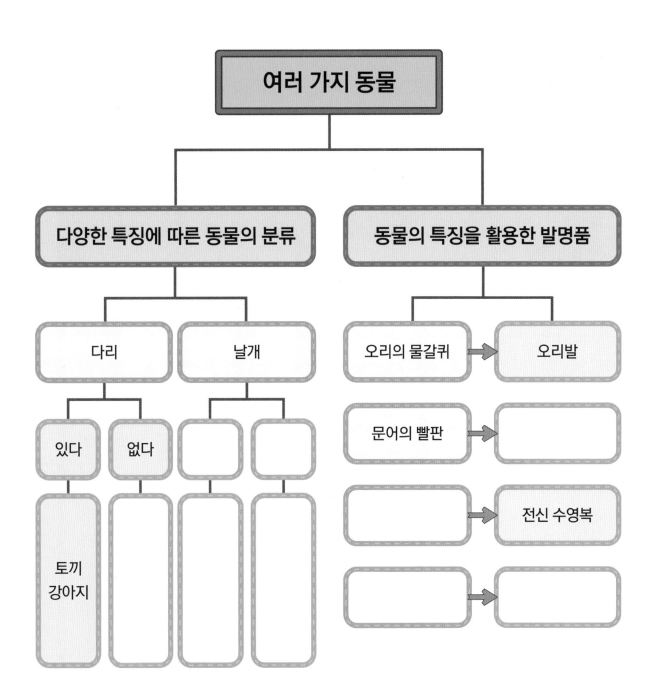

여러 가지 동물

다양한 특징에 따른 동물의 분류

다리

있다

없다

토끼
강아지

날개

동물의 특징을 활용한 발명품

오리의 물갈퀴 → 오리발

문어의 빨판 →

→ 전신 수영복

→

말하는 공부

배운 내용을 말로 설명하는 과정은 내가 아는 것과 모르는 것을 구분하여 정확하게 이해하고 기억하게 해 주는 최고의 공부법이에요. 앞에 정리한 내용을 떠올리며 번호 순서대로 설명해 보세요.

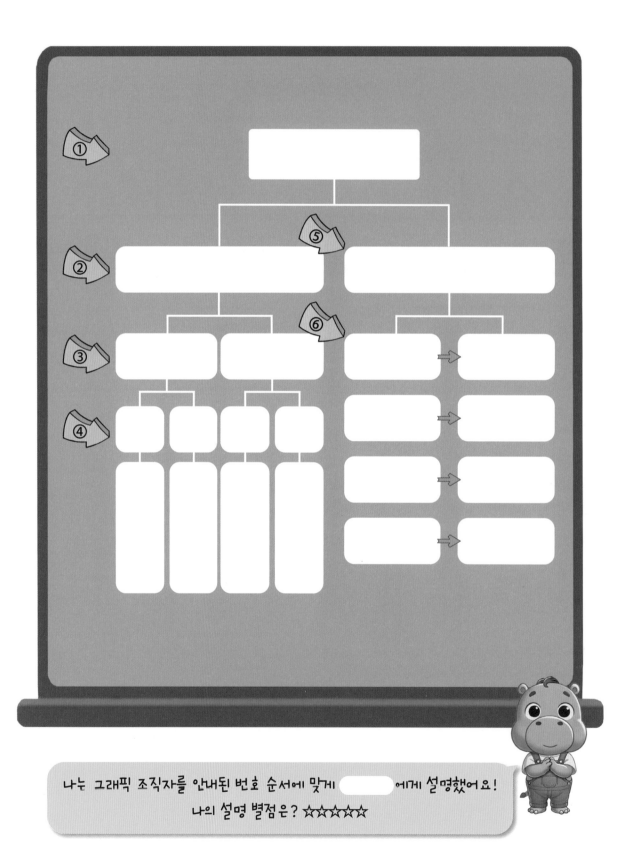

나는 그래픽 조직자를 안내된 번호 순서에 맞게 [   ]에게 설명했어요!
나의 설명 별점은? ☆☆☆☆☆

기억 꺼내기

화산이 폭발하고 있어요! 동물들을 서둘러 구조해 탈출시켜야 해요. 배를 타고 대피할 수 있도록 동물들을 배와 선으로 연결하고, 분류 기준을 적어 보세요. 단, 한 배에는 동물 5마리씩만 탈 수 있고, 비슷한 특징으로 분류할 수 있는 동물들끼리만 함께 태울 수 있어요.

02 환경에 따른 동물의 생김새와 생활 방식을 알아볼까요?

학습 목표

다양한 환경에서 사는 동물의 생김새와 생활 방식을 이해할 수 있다.

학습 완료 체크

학습이 끝난 코너는 ✔ 체크해 보세요.

- ☐ 생각 열기
- ☐ 어휘 뜻 짐작하기
- ☐ 어휘력이 쑥쑥
- ☐ 내용이 쏙쏙
- ☐ 그래픽 조직자
- ☐ 말하는 공부
- ☐ 기억 꺼내기

환경에 따른 동물의 생김새와 생활 방식을 하롱이와 함께 신나게 공부해 보자~

사막에 사는 여우와 북극에 사는 여우는 생김새가 많이 달라요.
북극여우의 귀는 작지만, 사막여우의 귀는 커요. 왜 그럴까요?

여우는 지구에서 가장 더운 지역과 가장 추운 지역에서 모두 살고 있습니다. 두 여우는 정말 다르게 생겼지만, 특히 귀의 크기가 많이 다르답니다. 사막여우의 귀는 왜 클까요? 북극여우의 말에 힌트가 있어요.

안녕! 난 북극여우야.
북극은 날씨가 너무 춥기 때문에
몸속의 열을 빼앗기지 않기 위해
내 귀가 작은 거란다.

안녕! 난 사막여우야.
내 귀가 큰 이유는 _____
_____
_____
_____

사막여우와 북극여우의 다른 특징에 대해서도 알아볼까요? 사막여우는 모래에 숨어서 사냥을 하기 때문에 털이 노란색이며, 뜨거운 모래 위를 잘 걸을 수 있도록 발바닥에도 털이 나 있습니다. 북극여우는 눈이 많은 지역에 살기 때문에 겨울에는 털이 하얀색이지만, 여름이 되어 눈이 녹으면 주변 환경과 비슷하게 털 색깔도 어두워집니다.

① 아래 글을 훑어 읽으며 모르는 어휘에 ☐ 표시하세요.

② ☐ 표시한 어휘 가운데 선택하여 앞, 뒤 문장을 다시 읽어 보며 어휘의 뜻을 짐작하여 오른쪽 칸에 써 보세요.

동물은 다양한 환경에서 살아가며, 그 환경에 따라 생김새와 생활 방식이 다릅니다. 땅 위에 사는 고라니와 여우는 다리가 있어 걷거나 뛰어다니며 생활합니다. 반면 땅속에서는 두더지와 땅강아지가 앞다리를 이용해 땅을 파며 움직입니다. 땅속은 어둡고 좁기 때문에 삽처럼 생긴 앞다리가 땅을 파는 데 매우 유용합니다. 땅 위와 땅속을 자유롭게 오가는 뱀, 지렁이는 몸통이 길고 다리가 없어서 기어다니며 이동합니다.

강이나 호수에는 붕어나 피라미처럼 몸이 부드러운 곡선 모양이고 비늘로 덮여 있는 물고기들이 삽니다. 이들은 지느러미를 사용해 물속을 헤엄치며 먹이를 찾고 적으로부터 도망칩니다. 갯벌에는 게처럼 걸어 다니는 동물도 있고, 조개처럼 기어다니는 동물도 있습니다. 바닷속에는 오징어나 고등어처럼 지느러미를 이용해 빠르게 헤엄치는 동물들이 살아갑니다.

하늘을 날아다니는 나비, 잠자리, 참새, 까마귀 등은 모두 날개를 가지고 있어 자유롭게 날아다닙니다. 특히 새들은 뼛속이 비어 있고, 몸이 가벼운 깃털로 덮여 있어서 하늘을 더 잘 날 수 있습니다.

사막처럼 뜨겁고 건조한 곳이나 극지방처럼 매우 추운 곳에도 동물들은 적응하며 살아갑니다. 낙타는 사막에서 살아남기 위해 혹에 물을 저장하고, 모래바람이 불 때 콧구멍을 닫을 수 있습니다. 또한 다리가 매우 길어 뜨거운 모래의 열기로부터 몸을 보호할 수 있습니다. 북극곰은 추운 극지방에서 빽빽한 털과 두꺼운 지방층으로 체온을 유지하며 살아갑니다.

 어휘력이 쑥쑥

❶ ☐ 표시한 어휘 중 정확한 뜻을 알고 싶은 어휘를 골라 아래에 쓰세요.

❷ 어휘 사전에서 어휘의 뜻을 찾아 이해한 뒤, 뜻을 **내 말로** **정리**해 보세요.

1문단
- 중심어에 ○하기
- 중심 문장에 ____긋기
- 사는 곳에 □하기
  (3개)

1 동물은 다양한 환경에서 살아가며, 그 환경에 따라 생김새와 생활 방식이 다릅니다. 땅 위에 사는 고라니와 여우는 다리가 있어 걷거나 뛰어다니며 생활합니다. 반면 땅속에서는 두더지와 땅강아지가 앞다리를 이용해 땅을 파며 움직입니다. 땅속은 어둡고 좁기 때문에 삽처럼 생긴 앞다리가 땅을 파는 데 매우 유용합니다. 땅 위와 땅속을 자유롭게 오가는 뱀, 지렁이는 몸통이 길고 다리가 없어서 기어다니며 이동합니다.

2문단
- 사는 곳에 □하기
  (3개)

2 강이나 호수에는 붕어나 피라미처럼 몸이 부드러운 곡선 모양이고 비늘로 덮여 있는 물고기들이 삽니다. 이들은 지느러미를 사용해 물속을 헤엄치며 먹이를 찾고 적으로부터 도망칩니다. 갯벌에는 게처럼 걸어 다니는 동물도 있고, 조개처럼 기어다니는 동물도 있습니다. 바닷속에는 오징어나 고등어처럼 지느러미를 이용해 빠르게 헤엄치는 동물들이 살아갑니다.

3문단
- 사는 곳에 □하기

3 하늘을 날아다니는 나비, 잠자리, 참새, 까마귀 등은 모두 날개를 가지고 있어 자유롭게 날아다닙니다. 특히 새들은 뼛속이 비어 있고, 몸이 가벼운 깃털로 덮여 있어서 하늘을 더 잘 날 수 있습니다.

4문단
- 사는 곳에 □하기
  (2개)

4 사막처럼 뜨겁고 건조한 곳이나 극지방처럼 매우 추운 곳에도 동물들은 적응하며 살아갑니다. 낙타는 사막에서 살아남기 위해 혹에 물을 저장하고, 모래바람이 불 때 콧구멍을 닫을 수 있습니다. 또한 다리가 매우 길어 뜨거운 모래의 열기로부터 몸을 보호할 수 있습니다. 북극곰은 추운 극지방에서 빽빽한 털과 두꺼운 지방층으로 체온을 유지하며 살아갑니다.

그래픽 조직자

지문의 중심 내용을 요약해 보세요.

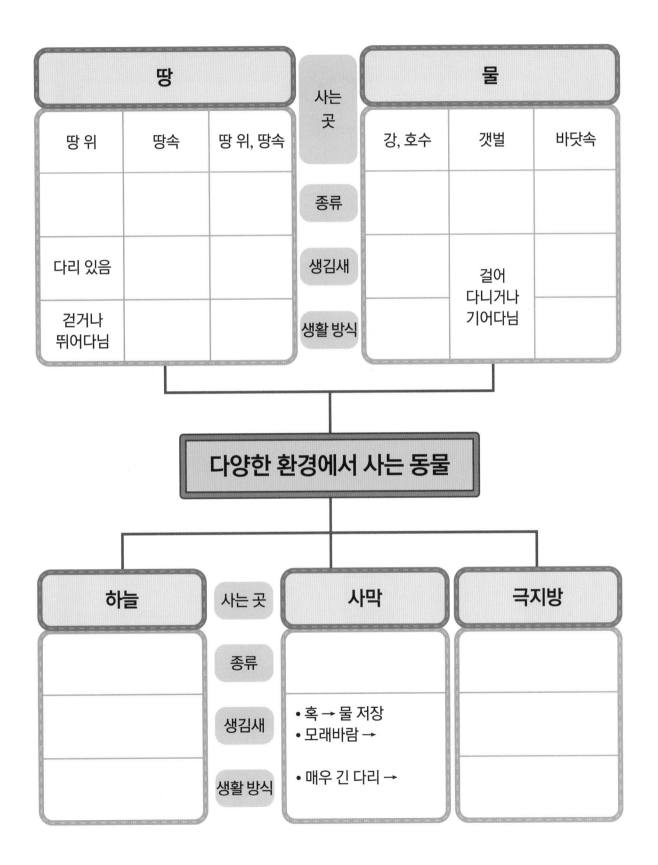

땅			사는 곳	물		
땅 위	땅속	땅 위, 땅속		강, 호수	갯벌	바닷속
			종류			
다리 있음			생김새		걸어 다니거나 기어다님	
걷거나 뛰어다님			생활 방식			

다양한 환경에서 사는 동물

하늘	사는 곳	사막	극지방
	종류		
	생김새	• 혹 → 물 저장 • 모래바람 →	
	생활 방식	• 매우 긴 다리 →	

배운 내용을 말로 설명하는 과정은 내가 아는 것과 모르는 것을 구분하여 정확하게 이해하고 기억하게 해 주는 최고의 공부법이에요. 앞에 정리한 내용을 떠올리며 번호 순서대로 설명해 보세요.

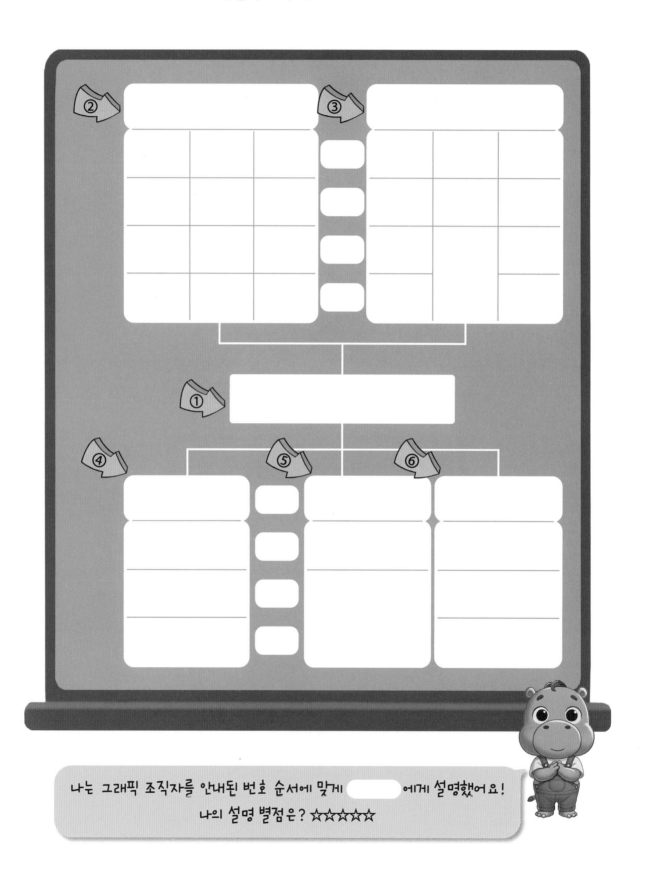

나는 그래픽 조직자를 안내된 번호 순서에 맞게 [   ]에게 설명했어요! 나의 설명 별점은? ☆☆☆☆☆

친구들이 다양한 장소로 탐사를 떠나려고 해요. 그런데 친구들의 탐사를 도와줄 동물이 꼭 필요해요. 각 탐사 장소에 알맞은 동물을 아래에서 찾아 번호를 써 주세요.

나는 물속을 탐사하고 싶어. 헤엄을 잘 칠 수 있는 동물아, 어디 있니?

나는 땅속으로 탐사를 떠날 거야. 어두운 땅속에서도 땅을 잘 팔 수 있는 동물아, 어디 있니?

나는 아주 더운 곳을 탐사할 예정이야. 잘 먹지 못하고 목이 말라도 잘 견딜 수 있는 동물아, 어디 있니?

나는 아주 추운 곳으로 갈 거야. 추위를 잘 견딜 수 있는 동물아, 어디 있니?

아래 설명을 읽고, 해당하는 단어를 가로, 세로, 대각선에서 찾아 ○해 주세요.

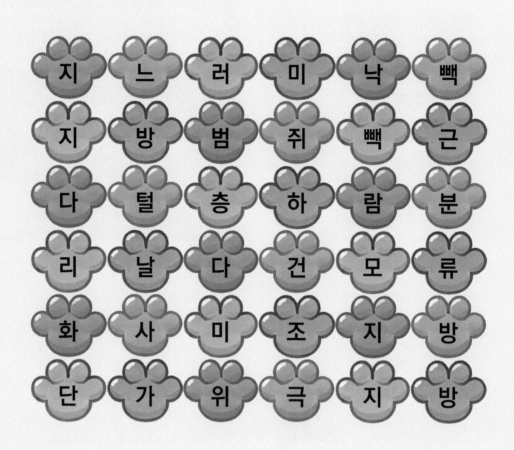

지	느	러	미	낙	빽
지	방	범	쥐	빽	근
다	털	층	하	람	분
리	날	다	건	모	류
화	사	미	조	지	방
단	가	위	극	지	방

❶ 물고기는 물속에서 몸의 균형을 유지하거나 헤엄을 치기 위해 ○○○○를 가지고 있습니다.

❷ 성질이 같은 것끼리 갈라놓는 것을 '○○'라고 합니다.

❸ 다른 것을 흉내 내어 그대로 따라 하는 것을 '○○'이라고 합니다.

❹ 꽃을 심기 위해 흙을 깔아 꾸며 놓은 꽃밭을 '○○'이라고 합니다.

❺ 남극 지방과 북극 지방을 '○○○'이라고 부르며, '○○○'은 기온이 너무 낮아 식물이 잘 살지 못합니다.

❻ 말라서 물기나 습기가 없는 상태를 '○○하다'라고 합니다.

❼ 빈틈이 거의 없고 공간 사이가 촘촘하게 붙어 있는 상태를 '○○○○'라고 합니다.

〈동물 체험 가상 공간〉에 들어가려면 미션을 수행해야 한다고 해요. 꼭 미션을 성공해서 입장할 수 있도록 도와주세요!

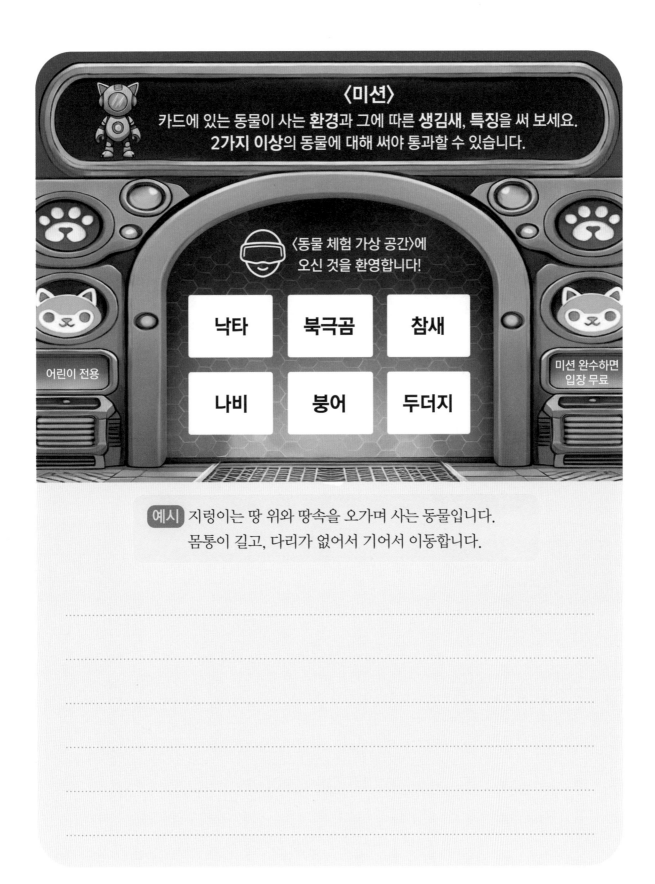

〈미션〉

카드에 있는 동물이 사는 **환경**과 그에 따른 **생김새**, **특징**을 써 보세요.
2가지 이상의 동물에 대해 써야 통과할 수 있습니다.

〈동물 체험 가상 공간〉에
오신 것을 환영합니다!

| 낙타 | 북극곰 | 참새 |
| 나비 | 붕어 | 두더지 |

어린이 전용

미션 완수하면
입장 무료

예시 지렁이는 땅 위와 땅속을 오가며 사는 동물입니다.
몸통이 길고, 다리가 없어서 기어서 이동합니다.

3 단원

식물의 생활

01 식물을 특징에 따라 분류하고
활용하는 방법을 알아볼까요?

02 식물은 다양한 환경에서 어떻게
적응할까요?

01 식물을 특징에 따라 분류하고 활용하는 방법을 알아볼까요?

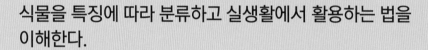

학습 목표

식물을 특징에 따라 분류하고 실생활에서 활용하는 법을 이해한다.

학습 완료 체크

학습이 끝난 코너는 ✔ 체크해 보세요.

- ☐ 생각 열기
- ☐ 어휘 뜻 짐작하기
- ☐ 어휘력이 쑥쑥
- ☐ 내용이 쏙쏙
- ☐ 그래픽 조직자
- ☐ 말하는 공부
- ☐ 기억 꺼내기

식물을 어떻게
분류하고 활용하는지
하동이와 함께
신나게 공부해 보자~

숲속의 작고 귀여운 엄지공주가 새 나뭇잎 이불을 찾고 있어요.
엄지 공주의 이불이 되려면 세 가지 조건을 모두 통과해야 해요.
과연 그 세 가지 조건이 무엇일지 생각해 보세요.

어휘 뜻 짐작하기

❶ 아래 글을 훑어 읽으며 모르는 어휘에 ☐ 표시하세요.
❷ ☐ 표시한 어휘 가운데 선택하여 앞, 뒤 문장을 다시 읽어 보며 어휘의 뜻을 짐작하여 오른쪽 칸에 써 보세요.

　　우리 주변에는 여러 가지 식물이 있습니다. 식물은 사는 곳에 따라 생김새와 특징이 다릅니다. 그래서 다양한 식물을 관찰하고 분류하면 식물에 대해 더 잘 알 수 있습니다. 식물을 분류하는 방법의 하나는 잎의 생김새나 촉감을 살펴보는 것입니다.

　　잎의 생김새는 잎의 모양과 가장자리 모양으로 구분할 수 있습니다. 잎의 모양이 둥글고 넓적한 식물을 '활엽수'라고 부릅니다. 은행나무와 벚나무가 그 예입니다. 반대로 잎이 바늘처럼 가늘고 긴 식물을 '침엽수'라고 부릅니다. 소나무와 향나무가 이에 속합니다. 잎의 가장자리 모양도 다릅니다. 매끈한 잎을 가진 식물에는 감나무와 아까시나무가 있습니다. 톱니바퀴처럼 거친 잎을 가진 식물에는 들깨, 단풍나무가 있습니다.

　　식물의 잎을 만져 보면 종류에 따라 다양한 촉감을 느낄 수 있어서 잎의 촉감으로도 식물을 구분할 수 있습니다. 잎 표면이 까슬까슬한 식물에는 오이나 해바라기가 있고, 잎 표면이 부드러운 식물에는 수세미나 토끼풀이 있습니다.

　　우리는 식물의 생김새와 특징을 활용하여 실생활에 도움이 되는 발명품을 만듭니다. 도꼬마리 열매의 갈고리 모양을 보고 '찍찍이 테이프'를 만들었습니다. 장미 덩굴의 날카로운 가시를 보고 '가시철조망'을 만들었고, 물이 스며들지 않는 연잎의 특징을 이용해 방수복도 만들었습니다. 또, 햇빛을 따라 움직이는 해바라기의 특징을 보고는 태양열을 모아 전기를 만드는 '태양열 발전 장치'를 발명하기도 했습니다.

① ☐ 표시한 어휘 중 정확한 뜻을 알고 싶은 어휘를 골라 아래에 쓰세요.

② 어휘 사전에서 어휘의 뜻을 찾아 이해한 뒤, 뜻을 **내 말로** **정리**해 보세요.

내용이 쏙쏙

글을 읽으며 글쓴이가 중요하다고 강조하는 중심어에는 ○,
중심 문장에는 _____을 그어 보세요.

1문단
○ 중심어에 ○하기
○ 중심 문장에 ___긋기

2문단
○ 중심어에 ○하기
○ 중심 문장에 ___긋기

3문단
○ 중심어에 ○하기
○ 중심 문장에 ___긋기

4문단
○ 중심어에 ○하기
○ 중심 문장에 ___긋기

1 우리 주변에는 여러 가지 식물이 있습니다. 식물은 사는 곳에 따라 생김새와 특징이 다릅니다. 그래서 다양한 식물을 관찰하고 분류하면 식물에 대해 더 잘 알 수 있습니다. 식물을 분류하는 방법의 하나는 잎의 생김새나 촉감을 살펴보는 것입니다.

2 잎의 생김새는 잎의 모양과 가장자리 모양으로 구분할 수 있습니다. 잎의 모양이 둥글고 넓적한 식물을 '활엽수'라고 부릅니다. 은행나무와 벚나무가 그 예입니다. 반대로 잎이 바늘처럼 가늘고 긴 식물을 '침엽수'라고 부릅니다. 소나무와 향나무가 이에 속합니다. 잎의 가장자리 모양도 다릅니다. 매끈한 잎을 가진 식물에는 감나무와 아까시나무가 있습니다. 톱니바퀴처럼 거친 잎을 가진 식물에는 들깨, 단풍나무가 있습니다.

3 식물의 잎을 만져 보면 종류에 따라 다양한 촉감을 느낄 수 있어서 잎의 촉감으로도 식물을 구분할 수 있습니다. 잎 표면이 까슬까슬한 식물에는 오이나 해바라기가 있고, 잎 표면이 부드러운 식물에는 수세미나 토끼풀이 있습니다.

4 우리는 식물의 생김새와 특징을 활용하여 실생활에 도움이 되는 발명품을 만듭니다. 도꼬마리 열매의 갈고리 모양을 보고 '찍찍이 테이프'를 만들었습니다. 장미 덩굴의 날카로운 가시를 보고 '가시철조망'을 만들었고, 물이 스며들지 않는 연잎의 특징을 이용해 방수복도 만들었습니다. 또, 햇빛을 따라 움직이는 해바라기의 특징을 보고는 태양열을 모아 전기를 만드는 '태양열 발전 장치'를 발명하기도 했습니다.

그래픽 조직자

✎ 지문의 중심 내용을 요약해 보세요.

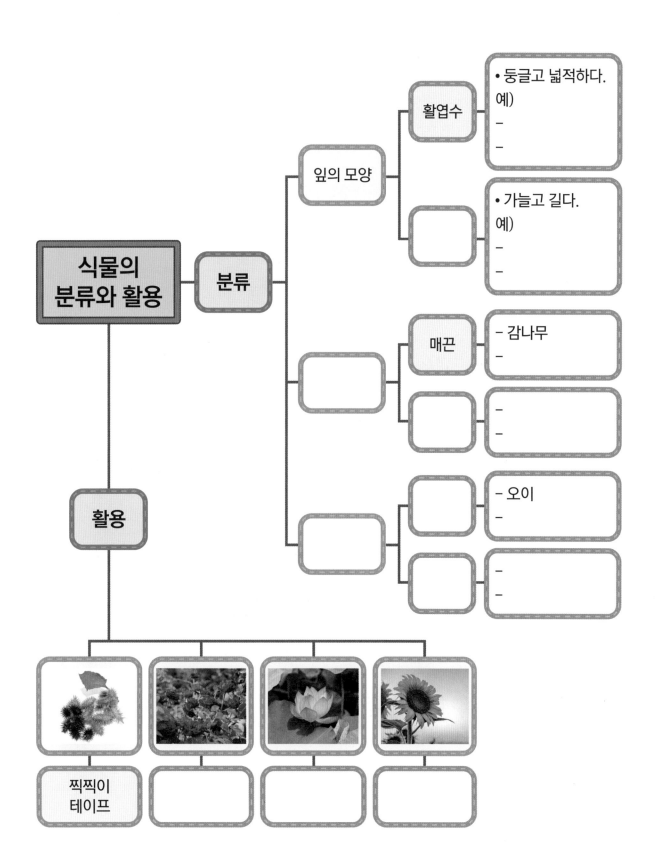

식물의
분류와 활용

분류

잎의 모양

활엽수
• 둥글고 넓적하다.
예)
－
－

• 가늘고 길다.
예)
－
－

매끈
－ 감나무
－

－
－

－ 오이
－

－
－

활용

찍찍이
테이프

말하는
공부

배운 내용을 말로 설명하는 과정은 내가 아는 것과 모르는
것을 구분하여 정확하게 이해하고 기억하게 해 주는 최고의
공부법이에요. 앞에 정리한 내용을 떠올리며 번호 순서대로
설명해 보세요.

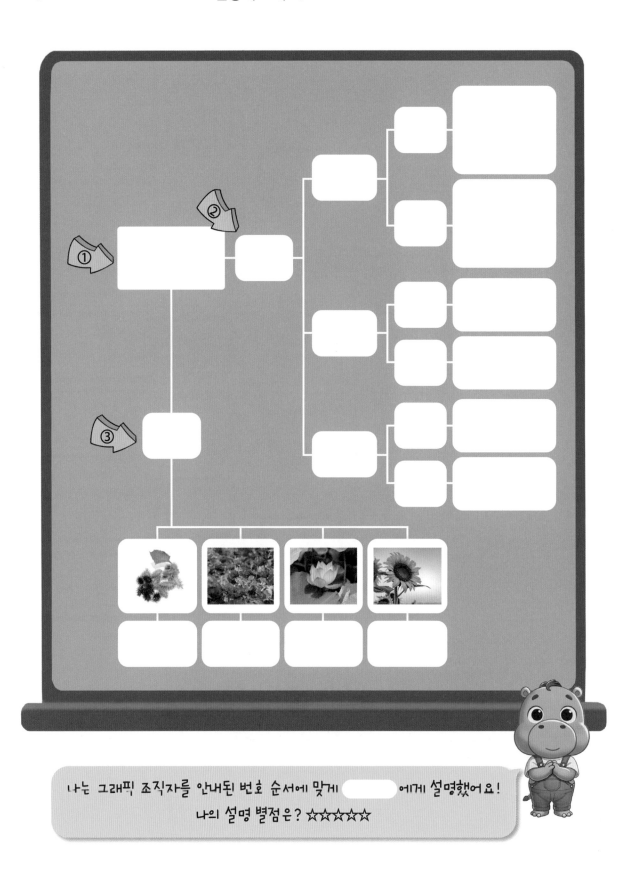

나는 그래픽 조직자를 안내된 번호 순서에 맞게 [   ]에게 설명했어요!
나의 설명 별점은? ☆☆☆☆☆

기억 꺼내기

하롱 마법사의 집에 서로 다른 직업을 가진 네 사람이 찾아왔어요. 네 사람의 대화를 읽고, 도움이 될 만한 식물을 선으로 연결해 보세요. 그리고 식물의 생김새와 특징을 활용해 만들 수 있는 물건을 빈칸에 적어 보세요.

아이들이 신고 벗기에 편리한 신발을 만들려고 해요.

도꼬마리 열매의 갈고리 모양을 본떠 신발끈 대신 찍찍이를 달면 편리해요.

바다에서 잠수하려면 물에 젖지 않는 옷이 필요해요.

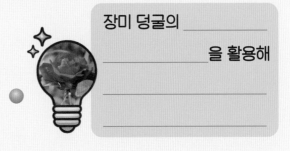

장미 덩굴의 _____ _____을 활용해 _____

너구리들이 울타리를 넘어와서 포도 농사를 망쳐놔요.

해바라기의 _____ _____ 특징을 이용해 _____

태양의 위치에 따라 패널이 움직이면서 태양 에너지를 모으면 좋겠어요.

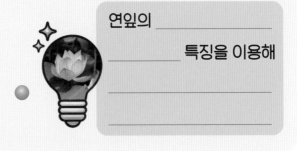

연잎의 _____ _____ 특징을 이용해 _____

3단원 | 식물의 생활

02 식물은 다양한 환경에서 어떻게 적응할까요?

학습 목표

식물은 다양한 환경에서 어떻게 적응하여 생활하는지 이해한다.

학습 완료 체크

학습이 끝난 코너는 ✔ 체크해 보세요.

- ☐ 생각 열기
- ☐ 어휘 뜻 짐작하기
- ☐ 어휘력이 쑥쑥
- ☐ 내용이 쏙쏙
- ☐ 그래픽 조직자
- ☐ 말하는 공부
- ☐ 기억 꺼내기

다양한 환경에
적응하는 식물에 대해
하롱이와 함께
신나게 공부해 보자~

바오바브나무는 환경에 따라 뛰어난 적응 능력을 가지고 있어요. 같은 종류라도 자라는 모습이 다양해요. 비가 많이 오는 지역의 바오바브나무는 날씬하고, 비가 적은 건조한 지역의 바오바브나무는 뚱뚱하게 자라요. 그 이유를 상상해서 써 보세요.

모습은 조금 달라도

우리는 모두 바오바브나무 친구들이야!

비가 많이 내리는 지역	비가 적게 내리는 건조한 지역
바오바브나무가 날씬한 까닭은	바오바브나무가 뚱뚱한 까닭은

어휘 뜻
짐작하기

❶ 아래 글을 훑어 읽으며 모르는 어휘에 ☐ 표시하세요.

❷ ☐ 표시한 어휘 가운데 선택하여 앞, 뒤 문장을 다시 읽어 보며 어휘의 뜻을 짐작하여 오른쪽 칸에 써 보세요.

　생물은 오랜 시간 동안 사는 환경에 맞게 변하며 살아가는데, 이를 적응이라고 합니다. 식물도 사는 곳에 따라 생김새와 생활 방식을 바꿔 적응하며 살아갑니다.

　들이나 산에 사는 식물은 잎과 줄기가 뚜렷하게 구분되고, 땅에 뿌리를 내리며 자랍니다. 들과 산에는 풀과 나무가 삽니다. 풀은 키가 작고 줄기가 가늘며, 대부분 한해살이 식물입니다. 그 예로 옥수수가 있습니다. 나무는 키가 크고 줄기가 굵으며, 모두 여러해살이 식물로, 소나무가 대표적입니다.

　강이나 연못에 사는 식물은 사는 위치에 따라 특징이 다릅니다. 잎이 물 위로 높이 자라는 식물은 물가에 뿌리를 내리고, 줄기와 잎이 물 밖으로 나옵니다. 갈대가 그 예입니다. 잎이 물에 떠 있는 식물은 뿌리를 물속 땅에 내리고, 넓은 잎이 물 위에 떠 있습니다. 수련이 이에 해당합니다. 물속에 잠겨 사는 식물은 뿌리를 땅에 내리고, 줄기가 물속에서 자랍니다. 줄기가 부드러워 강한 물살에도 부러지지 않습니다. 검정말이 그 예입니다. 물 위에 떠서 사는 식물은 뿌리를 내리지 않고, 잎자루에 있는 공기주머니로 물에 떠 있습니다. 부레옥잠이 이에 해당합니다.

　사막에 사는 식물은 강한 햇빛과 적은 강우량에 적응하여 삽니다. 잎은 수분을 덜 잃기 위해 가시처럼 변했고, 줄기에는 물을 저장할 수 있습니다. 선인장과 바오바브나무가 이에 해당하며, 바오바브나무는 두꺼운 줄기나 잎에 물을 많이 저장할 수 있어 건조한 환경에서도 생존할 수 있습니다.

　남극과 북극 지방에 사는 식물은 추위와 강한 바람에 적응하여 살아갑니다. 추위와 바람의 영향을 덜 받기 위해 대체로 키가 작고, 땅이 얼어 있어 뿌리를 깊게 내리지 않습니다. 남극 구슬이끼와 북극 양귀비가 그 예입니다.

① ☐ 표시한 어휘 중 정확한 뜻을 알고 싶은 어휘를 골라
아래에 쓰세요.

② 어휘 사전에서 어휘의 뜻을 찾아 이해한 뒤, 뜻을 **내 말로**
정리해 보세요.

 글을 읽으며 글쓴이가 중요하다고 강조하는 중심어에는 ○,
중심 문장에는 _____을 그어 보세요.

1문단
● 중심어에 ○하기
● 중심 문장에 ____긋기

2문단
● 중심어에 ○하기
● 중심 문장에 ____긋기

3문단
● 중심어에 ○하기
● 중심 문장에 ____긋기

4문단
● 중심어에 ○하기
● 중심 문장에 ____긋기

5문단
● 중심어에 ○하기
● 중심 문장에 ____긋기

1 생물은 오랜 시간 동안 사는 환경에 맞게 변하며 살아가는데, 이를 적응이라고 합니다. 식물도 사는 곳에 따라 생김새와 생활 방식을 바꿔 적응하며 살아갑니다.

2 들이나 산에 사는 식물은 잎과 줄기가 뚜렷하게 구분되고, 땅에 뿌리를 내리며 자랍니다. 들과 산에는 풀과 나무가 삽니다. 풀은 키가 작고 줄기가 가늘며, 대부분 한해살이 식물입니다. 그 예로 옥수수가 있습니다. 나무는 키가 크고 줄기가 굵으며, 모두 여러해살이 식물로, 소나무가 대표적입니다.

3 강이나 연못에 사는 식물은 사는 위치에 따라 특징이 다릅니다. 잎이 물 위로 높이 자라는 식물은 물가에 뿌리를 내리고, 줄기와 잎이 물 밖으로 나옵니다. 갈대가 그 예입니다. 잎이 물에 떠 있는 식물은 뿌리를 물속 땅에 내리고, 넓은 잎이 물 위에 떠 있습니다. 수련이 이에 해당합니다. 물속에 잠겨 사는 식물은 뿌리를 땅에 내리고, 줄기가 물속에서 자랍니다. 줄기가 부드러워 강한 물살에도 부러지지 않습니다. 검정말이 그 예입니다. 물 위에 떠서 사는 식물은 뿌리를 내리지 않고, 잎자루에 있는 공기주머니로 물에 떠 있습니다. 부레옥잠이 이에 해당합니다.

4 사막에 사는 식물은 강한 햇빛과 적은 강우량에 적응하여 삽니다. 잎은 수분을 덜 잃기 위해 가시처럼 변했고, 줄기에는 물을 저장할 수 있습니다. 선인장과 바오바브나무가 이에 해당하며, 바오바브나무는 두꺼운 줄기나 잎에 물을 많이 저장할 수 있어 건조한 환경에서도 생존할 수 있습니다.

5 남극과 북극 지방에 사는 식물은 추위와 강한 바람에 적응하여 살아갑니다. 추위와 바람의 영향을 덜 받기 위해 대체로 키가 작고, 땅이 얼어 있어 뿌리를 깊게 내리지 않습니다. 남극 구슬이끼와 북극 양귀비가 그 예입니다.

그래픽 조직자

지문의 중심 내용을 요약해 보세요.

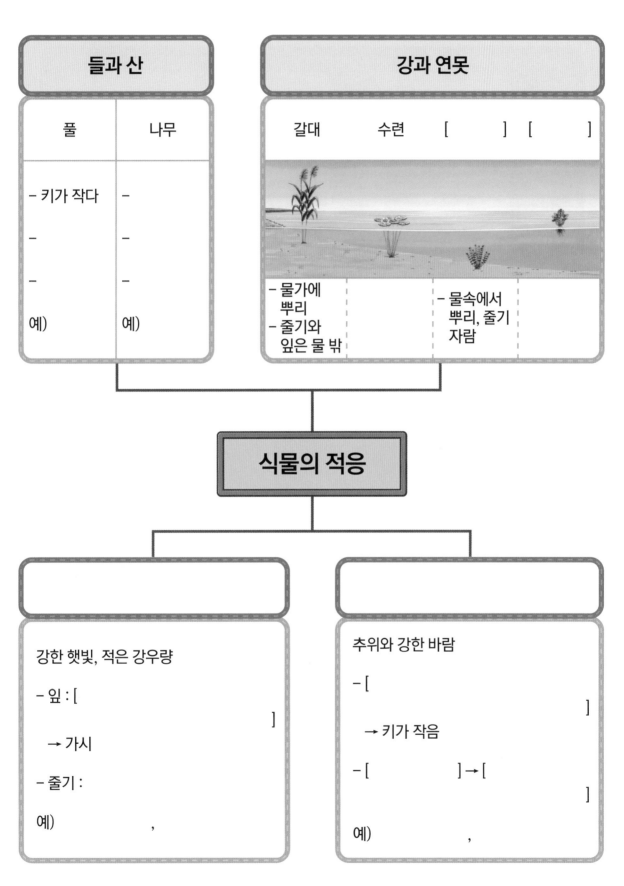

들과 산		
풀		**나무**
- 키가 작다		-
-		-
-		-
예)		예)

강과 연못				
갈대	수련	[ ]	[ ]	
- 물가에 뿌리 - 줄기와 잎은 물 밖		- 물속에서 뿌리, 줄기 자람		

식물의 적응

강한 햇빛, 적은 강우량
 	
- 잎 : [   ]
   → 가시
- 줄기 :
 	
예)   ,
	추위와 강한 바람
	
	- [ ]
	  → 키가 작음
	- [ ] → [ ]
	
	예) ,

말하는 공부

배운 내용을 말로 설명하는 과정은 내가 아는 것과 모르는 것을 구분하여 정확하게 이해하고 기억하게 해 주는 최고의 공부법이에요. 앞에 정리한 내용을 떠올리며 번호 순서대로 설명해 보세요.

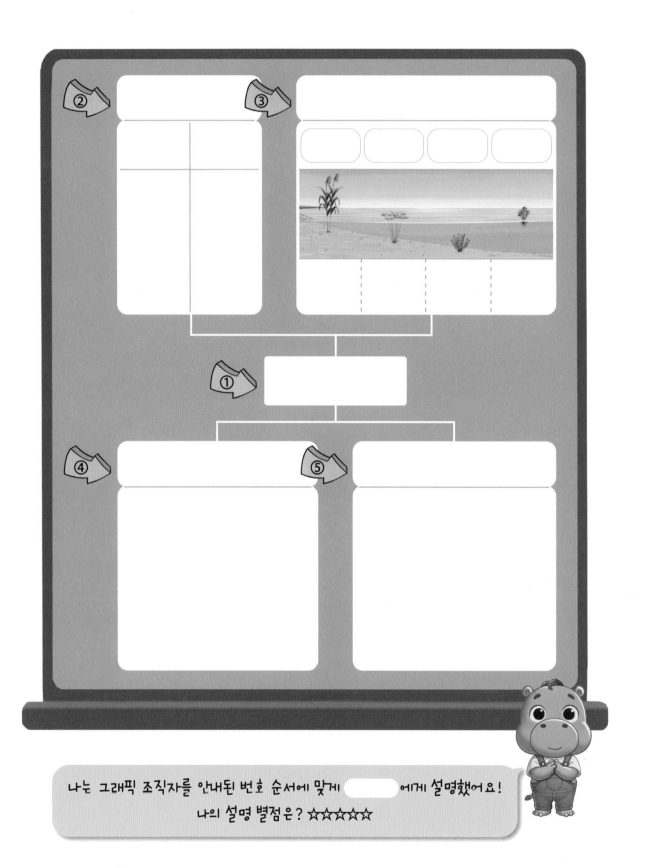

나는 그래픽 조직자를 안내된 번호 순서에 맞게 　　　　에게 설명했어요! 나의 설명 별점은? ☆☆☆☆☆

지구에는 다양한 식물들이 여러 환경에 맞춰 살아간다는 소식을 듣고, 여러 행성에서 외계인들이 지구로 견학을 왔어요. 외계인들은 자기 행성에서 잘 자랄 수 있는 식물을 선택해 가져가기로 했어요. 각 행성에 알맞은 식물의 기호를 쓰고, 그 이유도 함께 적어 보세요.

기호	이유 : _____

기호	이유 : _____

바싹 모래 행성

촉촉 물가 행성

북극
양귀비   단풍나무

ㄱ ㄴ
ㄷ ㄹ

선인장   갈대

꽁꽁 얼음 행성

초록 산들 행성

기호	이유 : _____

기호	이유 : _____

3단원 | 식물의 생활

어휘
놀이터

다양한 환경에서 살아가는 식물의 특징을 배웠습니다.
아래 식물 탐험 연구소에서는 각 환경에 따라 식물들이 어떻게
자라는지를 연구하고 있습니다. 각 환경을 탐험하면서 쓰여진
뜻을 읽어 보고 알맞은 어휘를 써넣으세요.

1 잎이 바늘처럼 가늘고, 길며 끝이 뾰족한 식물은?

2 잎의 모양이 둥글고 넓적한 식물은?

5 일정한 기간 내, 지역에 내리는 비의 양을 말해요.

3 대부분 키가 크고, 줄기가 굵으며, 2년 이상 사는 식물은?

6 물기가 전혀 없어서 마른 상태는?

4 한 해 살고 죽는 식물은?

7 식물의 잎을 손으로 만졌을 때의 느껴지는 감각을 말해요.

8 식물 잎자루에 이것이 들어 있어, 물 위에 떠 있을 수 있어요.

9 생물이 오랜 시간 동안 사는 환경에 맞게 변하며 살아가는 것을 말해요.

'식물의 생활' 단원을 배우고 난 뒤 무엇을 알게 되었는지 질문에 따라 적어 보세요.

새롭게 알게 된 내용은 무엇인가요?

가장 기억에 남는 내용은 무엇인가요?

가장 어려운 내용은 무엇인가요?

더 알고 싶은 내용은 무엇인가요?

4
단원

생물의
한살이

01 알을 낳는 동물과 새끼를 낳는
    동물의 한살이는 어떠할까요?

02 씨가 싹트려면 무엇이 필요할까요?

03 여러 가지 식물의 한살이를
    알아볼까요?

 알을 낳는 동물과 새끼를 낳는
동물의 한살이는 어떠할까요?

학습 목표

알을 낳는 동물과 새끼를 낳는 동물의 한살이를 이해한다.

학습 완료 체크

학습이 끝난 코너는 ✔ 체크해 보세요.

- ☐ 생각 열기
- ☐ 어휘 뜻 짐작하기
- ☐ 어휘력이 쑥쑥
- ☐ 내용이 쏙쏙
- ☐ 그래픽 조직자
- ☐ 말하는 공부
- ☐ 기억 꺼내기

알을 낳는 동물과
새끼를 낳는 동물의 한살이를
하롱이와 함께
신나게 공부해 보자~

오늘은 '알을 낳는 동물' 팀과 '새끼를 낳는 동물' 팀의
운동회 날입니다. 왼쪽의 동물들이 각각 어느 팀으로 가야 할지
팀 푯말에 선으로 연결해 주세요.

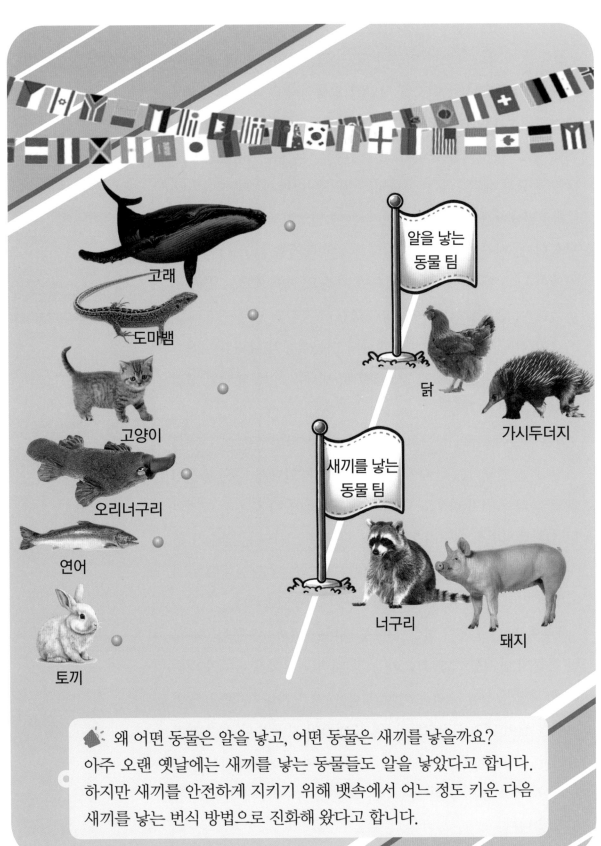

🔊 왜 어떤 동물은 알을 낳고, 어떤 동물은 새끼를 낳을까요?
아주 오랜 옛날에는 새끼를 낳는 동물들도 알을 낳았다고 합니다.
하지만 새끼를 안전하게 지키기 위해 뱃속에서 어느 정도 키운 다음
새끼를 낳는 번식 방법으로 진화해 왔다고 합니다.

어휘 뜻
짐작하기

❶ 아래 글을 훑어 읽으며 모르는 어휘에 ☐ 표시하세요.
❷ ☐ 표시한 어휘 가운데 선택하여 앞, 뒤 문장을 다시
   읽어 보며 어휘의 뜻을 짐작하여 오른쪽 칸에 써 보세요.

　　사람은 아기로 태어나 어른이 되고, 결혼하여 아기를 낳고 나이가 들어 죽습니다. 이것을 사람의 일생이라고 합니다. 동물도 마찬가지로 태어나서 자란 뒤 짝짓기를 하여 자손을 남기는 과정을 겪습니다. 이를 동물의 한살이라고 합니다. 그렇다면 알을 낳는 동물과 새끼를 낳는 동물의 한살이는 어떻게 다를까요?

　　배추흰나비는 무나 배추 같은 식물에 연노란색의 길쭉한 알을 낳습니다. 시간이 지나면 애벌레가 알껍데기를 뚫고 나옵니다. 알에서 나온 애벌레는 잎을 먹으며 자라고, 초록색으로 변한 뒤 허물을 네 번 벗습니다. 애벌레가 충분히 자라면 번데기가 되고, 시간이 지나 번데기에서 배추흰나비 어른벌레인 나비가 나옵니다. 배추흰나비는 이렇게 알, 애벌레, 번데기, 어른벌레의 한살이 과정을 거칩니다.

　　알을 낳는 동물의 한살이는 알, 새끼, 다 자란 동물의 단계를 거칩니다. 개구리는 물속에 알을 낳습니다. 알에서 나온 올챙이는 뒷다리가 먼저 나오고, 그다음에 앞다리가 나옵니다. 꼬리가 점점 사라지면서 개구리가 됩니다. 다 자란 개구리는 암수가 짝짓기를 하고 암컷이 다시 알을 낳습니다. 알을 낳는 동물에는 가시두더지, 도마뱀, 닭, 연어, 오리너구리 등이 있습니다.

　　새끼를 낳는 동물의 한살이는 갓 태어난 새끼, 큰 동물, 다 자란 동물의 단계를 거칩니다. 개는 갓 태어난 새끼가 어미와 비슷하게 생겼습니다. 새끼는 어미의 젖을 먹고 자라며, 조금 크면 먹이를 씹어 먹기 시작합니다. 약 12개월이 지나면 다 자란 개가 됩니다. 다 자란 개는 암수가 짝짓기를 하여 암컷이 새끼를 낳습니다. 새끼를 낳는 동물에는 고래, 고양이, 너구리, 돼지, 토끼 등이 있습니다.

① ☐ 표시한 어휘 중 정확한 뜻을 알고 싶은 어휘를 골라 아래에 쓰세요.

② 어휘 사전에서 어휘의 뜻을 찾아 이해한 뒤, 뜻을 **내 말로** **정리**해 보세요.

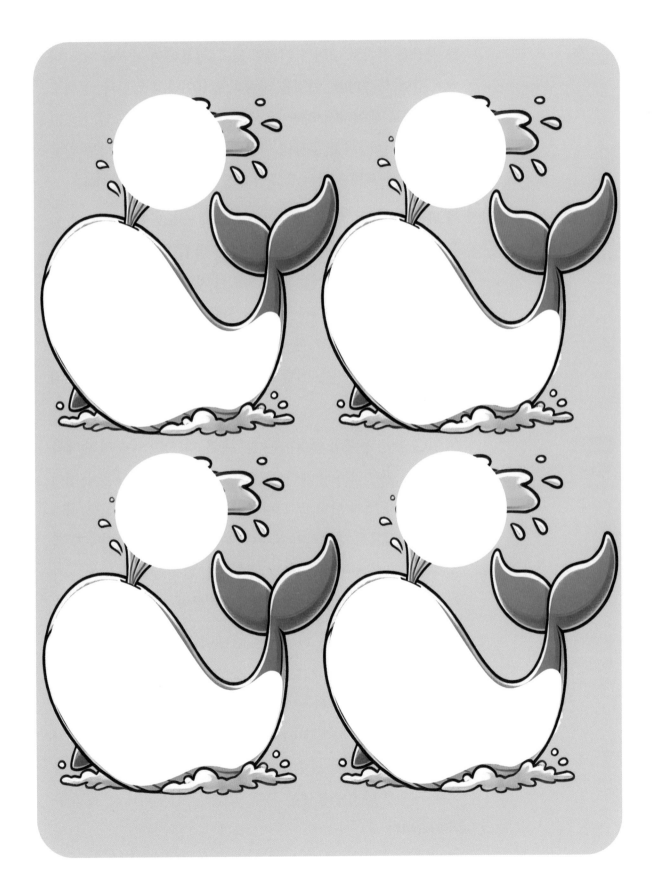

4단원 생물의 한살이

글을 읽으며 글쓴이가 중요하다고 강조하는 중심어에는 ◯,
중심 문장에는 _____ 을 그어 보세요.

1문단
○ 중심어에 ◯하기
○ 중심 문장에 ___긋기

1 사람은 아기로 태어나 어른이 되고, 결혼하여 아기를 낳고 나이가 들어 죽습니다. 이것을 사람의 일생이라고 합니다. 동물도 마찬가지로 태어나서 자란 뒤 짝짓기를 하여 자손을 남기는 과정을 겪습니다. 이를 동물의 한살이라고 합니다. 그렇다면 알을 낳는 동물과 새끼를 낳는 동물의 한살이는 어떻게 다를까요?

2문단
○ 중심어에 ◯하기
○ 중심 문장에 ___긋기

2 배추흰나비는 무나 배추 같은 식물에 연노란색의 길쭉한 알을 낳습니다. 시간이 지나면 애벌레가 알껍데기를 뚫고 나옵니다. 알에서 나온 애벌레는 잎을 먹으며 자라고, 초록색으로 변한 뒤 허물을 네 번 벗습니다. 애벌레가 충분히 자라면 번데기가 되고, 시간이 지나 번데기에서 배추흰나비 어른벌레인 나비가 나옵니다. 배추흰나비는 이렇게 알, 애벌레, 번데기, 어른벌레의 한살이 과정을 거칩니다.

3문단
○ 중심어에 ◯하기
○ 중심 문장에 ___긋기

3 알을 낳는 동물의 한살이는 알, 새끼, 다 자란 동물의 단계를 거칩니다. 개구리는 물속에 알을 낳습니다. 알에서 나온 올챙이는 뒷다리가 먼저 나오고, 그다음에 앞다리가 나옵니다. 꼬리가 점점 사라지면서 개구리가 됩니다. 다 자란 개구리는 암수가 짝짓기를 하고 암컷이 다시 알을 낳습니다. 알을 낳는 동물에는 가시두더지, 도마뱀, 닭, 연어, 오리너구리 등이 있습니다.

4문단
○ 중심어에 ◯하기
○ 중심 문장에 ___긋기

4 새끼를 낳는 동물의 한살이는 갓 태어난 새끼, 큰 동물, 다 자란 동물의 단계를 거칩니다. 개는 갓 태어난 새끼가 어미와 비슷하게 생겼습니다. 새끼는 어미의 젖을 먹고 자라며, 조금 크면 먹이를 씹어 먹기 시작합니다. 약 12개월이 지나면 다 자란 개가 됩니다. 다 자란 개는 암수가 짝짓기를 하여 암컷이 새끼를 낳습니다. 새끼를 낳는 동물에는 고래, 고양이, 너구리, 돼지, 토끼 등이 있습니다.

지문의 중심 내용을 요약해 보세요.

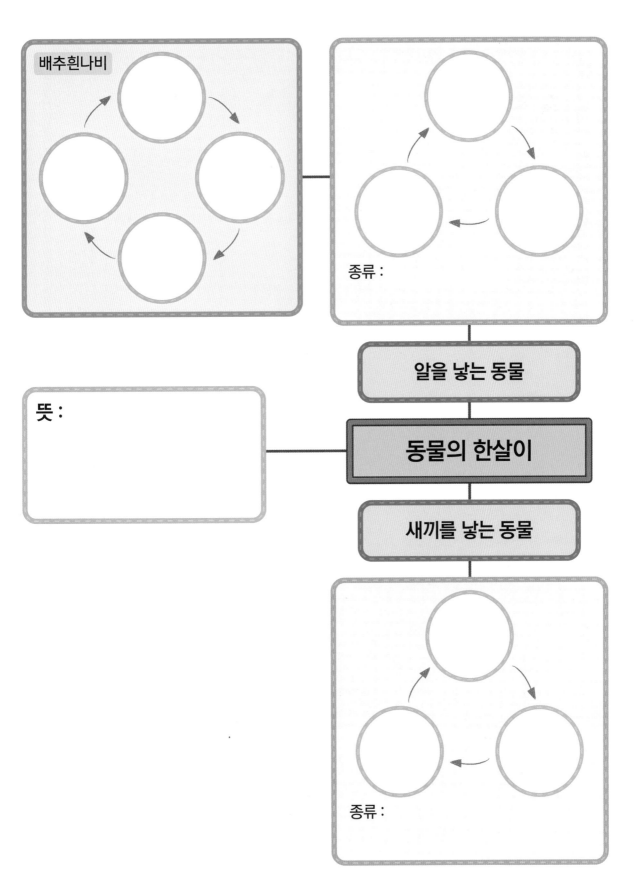

배추흰나비

종류 :

뜻 :

알을 낳는 동물

동물의 한살이

새끼를 낳는 동물

종류 :

배운 내용을 말로 설명하는 과정은 내가 아는 것과 모르는 것을 구분하여 정확하게 이해하고 기억하게 해 주는 최고의 공부법이에요. 앞에 정리한 내용을 떠올리며 번호 순서대로 설명해 보세요.

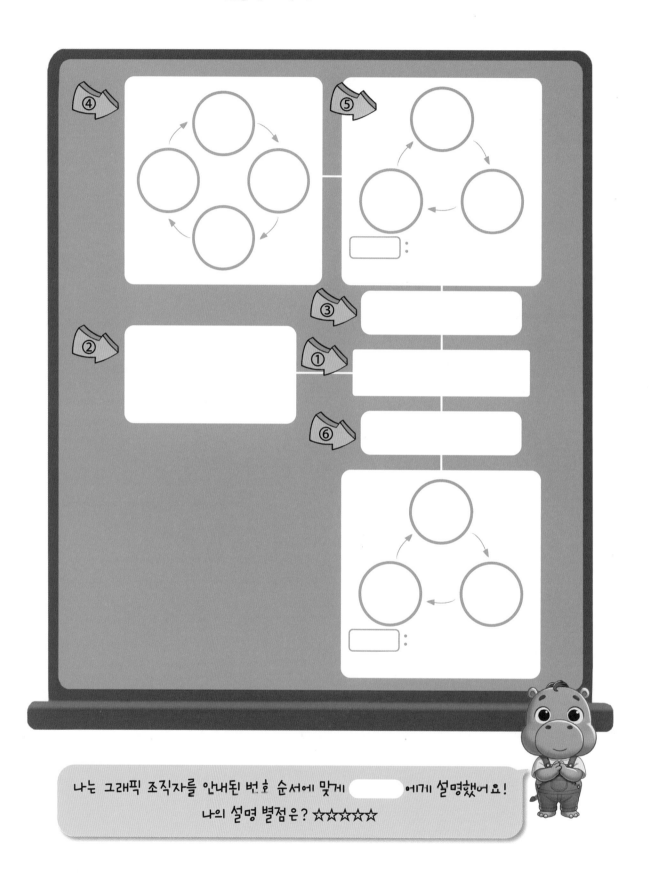

나는 그래픽 조직자를 안내된 번호 순서에 맞게   에게 설명했어요!
나의 설명 별점은? ☆☆☆☆☆

기억 꺼내기

하롱이가 엄마를 잃어버렸어요. 길을 따라가며 하롱이가 엄마를 찾을 수 있도록 ○, × 문제를 함께 풀어 주세요.

○, × 문제를 풀어서 우리 엄마가 있는 곳에 데려다줄 수 있겠니?

동물이 태어나고 자라서 자손을 남기는 과정을 동물의 한살이라고 합니다.

연어, 도마뱀, 가시두더지는 알을 낳는 동물입니다.

새끼를 낳는 동물의 갓 태어난 새끼는 어미와 비슷한 모습입니다.

돼지, 오리너구리, 토끼는 새끼를 낳는 동물입니다.

배추흰나비는 애벌레에서 바로 어른벌레가 됩니다.

갓 태어난 새끼 강아지는 스스로 먹이를 찾아 먹습니다.

개구리는 물속에 알을 낳습니다.

02 씨가 싹트려면 무엇이 필요할까요?

학습 목표

씨의 특징을 알고, 씨가 싹트는 조건과 자라는 조건을 이해한다.

학습 완료 체크

학습이 끝난 코너는 ✔ 체크해 보세요.

- ☐ 생각 열기
- ☐ 어휘 뜻 짐작하기
- ☐ 어휘력이 쑥쑥
- ☐ 내용이 쏙쏙
- ☐ 그래픽 조직자
- ☐ 말하는 공부
- ☐ 기억 꺼내기

씨가 싹트려면 무엇이 필요할지 하롱이와 함께 신나게 공부해 보자~

'잭과 콩나무' 이야기를 알고 있나요? 잭이 소와 바꾼 콩이 자라서 하늘까지 닿는 콩나무가 되었대요. 어떻게 콩나무가 잘 자랄 수 있었을까요? 콩나무가 잘 자라기 위해서는 필요한 조건이 3가지가 있어요. 무엇일지 ◯하세요.

어휘 뜻 짐작하기

❶ 아래 글을 훑어 읽으며 모르는 어휘에 ☐ 표시하세요.

❷ ☐ 표시한 어휘 가운데 선택하여 앞, 뒤 문장을 다시 읽어 보며 어휘의 뜻을 짐작하여 오른쪽 칸에 써 보세요.

맛있는 사과나 수박을 먹다 보면 씨를 볼 수 있습니다. 씨는 식물의 종류에 따라 모양, 크기, 색깔이 다양합니다. 모양이 완두콩처럼 동그랗거나, 수박씨처럼 납작하기도 합니다. 크기도 채송화 씨처럼 아주 작거나 호두처럼 큰 것도 있습니다. 색깔은 강낭콩처럼 검붉은색이나 옥수수처럼 노란색일 수도 있습니다. 이처럼 씨의 생김새는 각각 다릅니다.

식물의 씨는 땅에 심으면 싹이 트고 자랍니다. 씨가 싹트려면 적당한 물이 필요합니다. 씨의 종류, 온도, 공기 등의 조건이 같을 때 물을 준 강낭콩 씨는 싹이 텄지만, 물을 주지 않은 강낭콩 씨는 싹이 트지 않았습니다. 이처럼 물이 없으면 식물의 씨는 싹을 틔우지 못합니다.

또한 식물의 씨가 싹트려면 알맞은 온도가 필요합니다. 대부분 식물은 온도가 너무 낮거나 높으면 싹이 트지 않습니다. 그래서 식물은 추운 겨울에는 씨가 싹을 틔우지 않고 따뜻한 봄이 올 때까지 기다렸다가 싹을 틔웁니다.

식물의 씨가 싹을 틔우고 나면 식물이 잘 자라기 위해 적당한 물과 알맞은 온도 외에 충분한 빛이 필요합니다. 빛은 물과 함께 식물이 양분을 만드는 데 꼭 필요한 역할을 합니다. 이처럼 식물은 물, 온도, 빛 중 한 가지라도 알맞지 않으면 잘 자라지 못합니다.

어휘력이 쑥쑥

① ☐ 표시한 어휘 중 정확한 뜻을 알고 싶은 어휘를 골라 아래에 쓰세요.

② 어휘 사전에서 어휘의 뜻을 찾아 이해한 뒤, 뜻을 **내 말로** **정리**해 보세요.

1문단
- 중심어에 ○하기
- 중심 문장에 ____긋기

2문단
- 중심어에 ○하기
- 중심 문장에 ____긋기

3문단
- 중심어에 ○하기
- 중심 문장에 ____긋기

4문단
- 중심어에 ○하기
- 중심 문장에 ____긋기

1 맛있는 사과나 수박을 먹다 보면 씨를 볼 수 있습니다. 씨는 식물의 종류에 따라 모양, 크기, 색깔이 다양합니다. 모양이 완두콩처럼 동그랗거나, 수박씨처럼 납작하기도 합니다. 크기도 채송화 씨처럼 아주 작거나 호두처럼 큰 것도 있습니다. 색깔은 강낭콩처럼 검붉은색이나 옥수수처럼 노란색일 수도 있습니다. 이처럼 씨의 생김새는 각각 다릅니다.

2 식물의 씨는 땅에 심으면 싹이 트고 자랍니다. 씨가 싹트려면 적당한 물이 필요합니다. 씨의 종류, 온도, 공기 등의 조건이 같을 때 물을 준 강낭콩 씨는 싹이 텄지만, 물을 주지 않은 강낭콩 씨는 싹이 트지 않았습니다. 이처럼 물이 없으면 식물의 씨는 싹을 틔우지 못합니다.

3 또한 식물의 씨가 싹트려면 알맞은 온도가 필요합니다. 대부분 식물은 온도가 너무 낮거나 높으면 싹이 트지 않습니다. 그래서 식물은 추운 겨울에는 씨가 싹을 틔우지 않고 따뜻한 봄이 올 때까지 기다렸다가 싹을 틔웁니다.

4 식물의 씨가 싹을 틔우고 나면 식물이 잘 자라기 위해 적당한 물과 알맞은 온도 외에 충분한 빛이 필요합니다. 빛은 물과 함께 식물이 양분을 만드는 데 꼭 필요한 역할을 합니다. 이처럼 식물은 물, 온도, 빛 중 한 가지라도 알맞지 않으면 잘 자라지 못합니다.

지문의 중심 내용을 요약해 보세요.

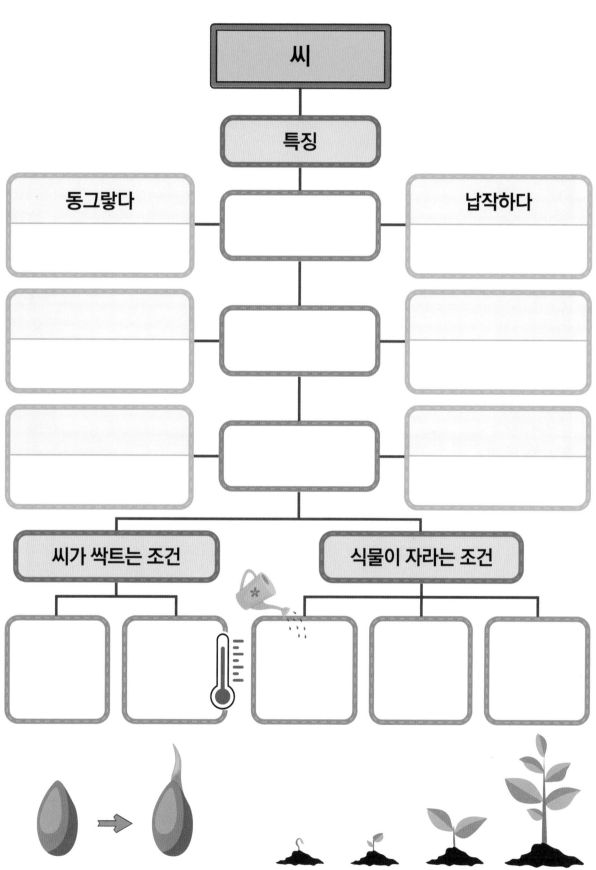

씨

특징

동그랗다

납작하다

씨가 싹트는 조건

식물이 자라는 조건

말하는 공부

배운 내용을 말로 설명하는 과정은 내가 아는 것과 모르는 것을 구분하여 정확하게 이해하고 기억하게 해 주는 최고의 공부법이에요. 앞에 정리한 내용을 떠올리며 번호 순서대로 설명해 보세요.

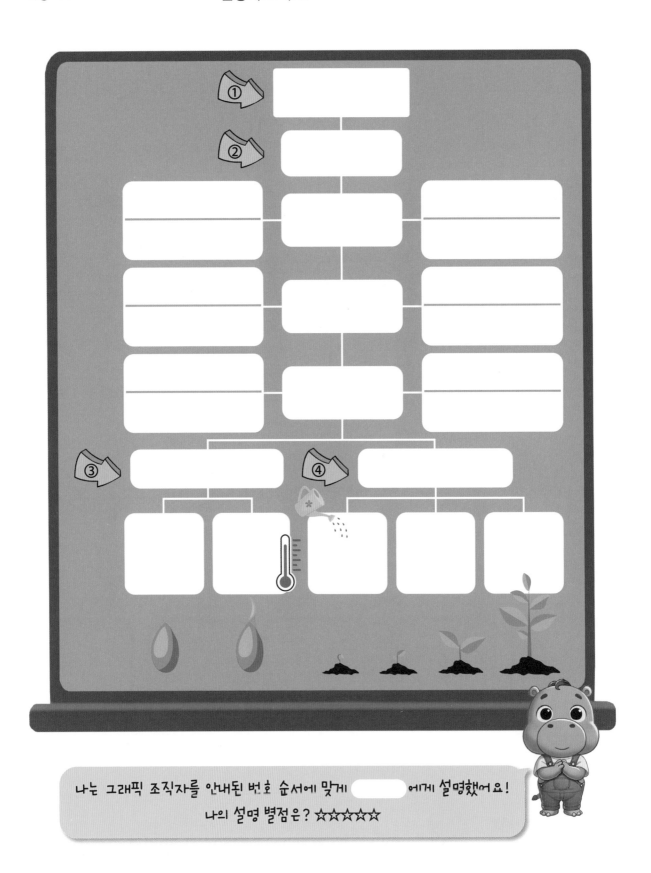

시골 할머니께서 농사지은 콩과 팥을 아주 많이 보내 주셨어요. 콩밥도 해 먹고, 팥죽도 끓여 먹으려고 하는데, 싹이 나면 맛있는 요리를 할 수 없어요. 싹이 나지 않게 오랫동안 보관하는 방법을 알려 주세요.

여러 가지 식물의 한살이를 알아볼까요?

학습 목표

한해살이 식물과 여러해살이 식물의 한살이 특징을 이해한다.

학습 완료 체크

학습이 끝난 코너는 ✔ 체크해 보세요.

- ☐ 생각 열기
- ☐ 어휘 뜻 짐작하기
- ☐ 어휘력이 쑥쑥
- ☐ 내용이 쏙쏙
- ☐ 그래픽 조직자
- ☐ 말하는 공부
- ☐ 기억 꺼내기

여러 가지 식물의 한살이를
하롱이와 함께
신나게 공부해 보자~

생각
열기

하롱이는 추석에 시골 할머니 댁에 갔어요. 할머니 댁에는
감나무도 있고 사과나무도 있고, 논밭에는 벼와 배추도 있어요.
하롱이는 감나무와 배추를 보면서 다른 점과 같은 점이
궁금해졌어요. 배추와 감나무를 떠올려 보면서 적어 보세요.

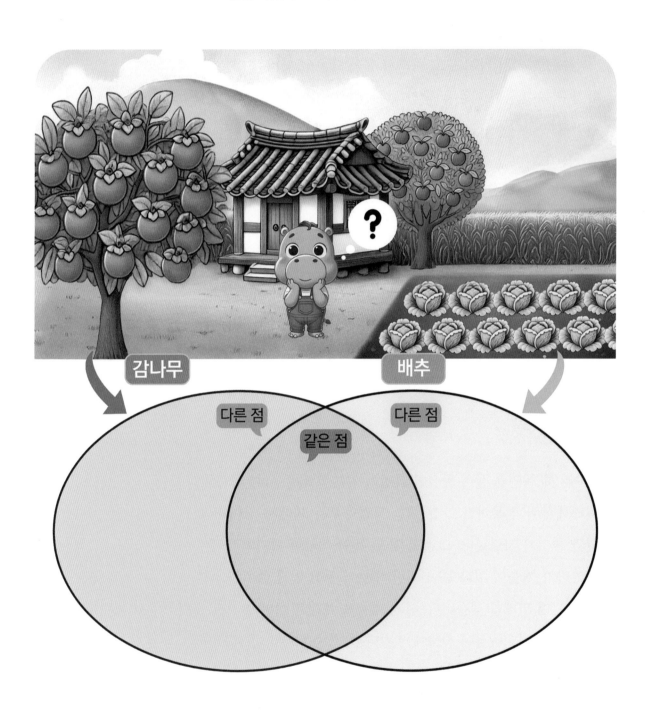

힌트

식물은 매년 다시 심어줘야 하는 한해살이 식물도 있고, 한 번 심으면 그 자리
에서 오랜 시간 뿌리를 내리고 자라는 여러해살이 식물도 있어.

어휘 뜻 짐작하기

❶ 아래 글을 훑어 읽으며 모르는 어휘에 ☐ 표시하세요.
❷ ☐ 표시한 어휘 가운데 선택하여 앞, 뒤 문장을 다시 읽어 보며 어휘의 뜻을 짐작하여 오른쪽 칸에 써 보세요.

식물은 씨에서 싹이 트고 자라서 꽃을 피우고 열매를 맺은 뒤, 다시 씨를 만들어 자손을 남깁니다. 이러한 과정을 식물의 한살이라고 합니다.

겨울이 되면 잎이 시들어 죽는 식물도 있지만, 겨울을 견디고 봄이 되면 다시 새싹을 틔우는 식물도 있습니다. 이렇게 식물마다 한살이 기간이 다릅니다. 어떤 식물은 한 해만 살고 죽지만, 어떤 식물은 여러 해 동안 살아갑니다.

한 해 동안 한살이 과정을 거치고 죽는 식물을 한해살이 식물이라고 합니다. 벼는 딱딱한 볍씨에서 시작하여 씨가 부풀어지고 싹이 납니다. 여름이 되면 잎과 줄기가 자라고 꽃이 피며 열매를 맺습니다. 그리고 씨를 만든 뒤에는 죽습니다. 한해살이 식물에는 옥수수, 봉숭아, 배추, 해바라기, 토마토, 고추 등이 있습니다.

여러 해 동안을 살며 한살이 과정의 일부를 되풀이하는 식물을 여러해살이 식물이라고 합니다. 사과나무는 씨에서 싹이 트고 잎과 줄기가 자랍니다. 그리고 몇 년 동안 적당한 크기의 나무로 자라다가 겨울이 지나 봄이 되면 새순이 돋고 잎과 줄기가 자라 꽃이 피며 열매를 맺습니다. 다시 겨울을 보내고 이런 과정을 반복합니다. 여러해살이 식물에는 감나무, 복숭아나무, 진달래, 민들레, 비비추, 개나리 등이 있습니다.

이처럼 한해살이 식물과 여러해살이 식물은 한살이 기간이 다릅니다. 하지만 씨가 싹이 터서 자라면 꽃이 피고, 열매를 맺어 같은 종류의 씨를 만들어 번식한다는 공통점이 있습니다.

어휘력이 쑥쑥

❶ ☐ 표시한 어휘 중 정확한 뜻을 알고 싶은 어휘를 골라 아래에 쓰세요.

❷ 어휘 사전에서 어휘의 뜻을 찾아 이해한 뒤, 뜻을 **내 말로** **정리**해 보세요.

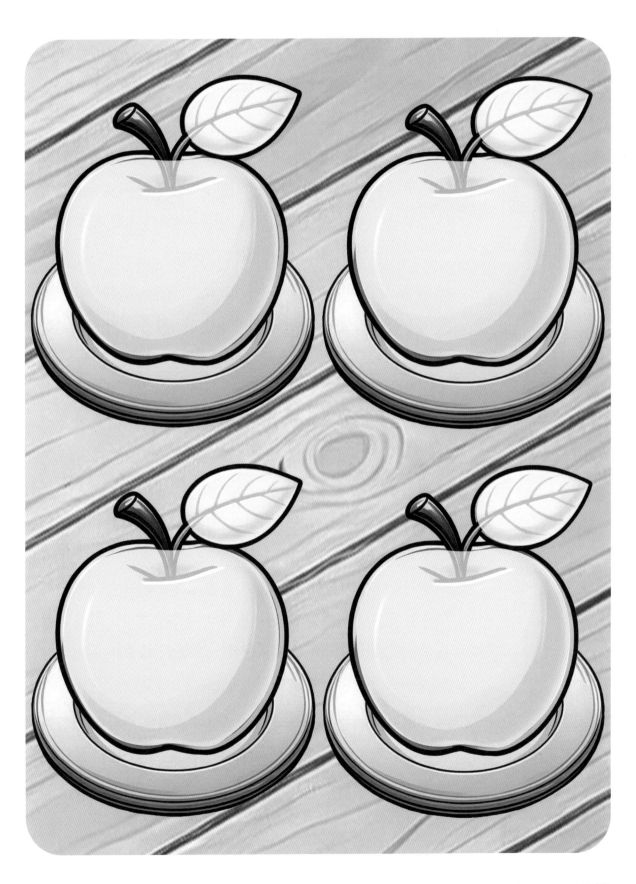

글을 읽으며 글쓴이가 중요하다고 강조하는 중심어에는 ◯,
중심 문장에는 _____을 그어 보세요.

1문단
o 중심어에 ◯하기
o 중심 문장에 ____ 긋기

1 식물은 씨에서 싹이 트고 자라서 꽃을 피우고 열매를 맺은 뒤, 다시 씨를 만들어 자손을 남깁니다. 이러한 과정을 식물의 한살이라고 합니다.

2문단
o 중심어에 ◯하기
o 중심 문장에 ____ 긋기

2 겨울이 되면 잎이 시들어 죽는 식물도 있지만, 겨울을 견디고 봄이 되면 다시 새싹을 틔우는 식물도 있습니다. 이렇게 식물마다 한살이 기간이 다릅니다. 어떤 식물은 한 해만 살고 죽지만, 어떤 식물은 여러 해 동안 살아갑니다.

3문단
o 중심어에 ◯하기
o 중심 문장에 ____ 긋기

3 한 해 동안 한살이 과정을 거치고 죽는 식물을 한해살이 식물이라고 합니다. 벼는 딱딱한 볍씨에서 시작하여 씨가 부풀어지고 싹이 납니다. 여름이 되면 잎과 줄기가 자라고 꽃이 피며 열매를 맺습니다. 그리고 씨를 만든 뒤에는 죽습니다. 한해살이 식물에는 옥수수, 봉숭아, 배추, 해바라기, 토마토, 고추 등이 있습니다.

4문단
o 중심어에 ◯하기
o 중심 문장에 ____ 긋기

4 여러 해 동안을 살며 한살이 과정의 일부를 되풀이하는 식물을 여러해살이 식물이라고 합니다. 사과나무는 씨에서 싹이 트고 잎과 줄기가 자랍니다. 그리고 몇 년 동안 적당한 크기의 나무로 자라다가 겨울이 지나 봄이 되면 새순이 돋고 잎과 줄기가 자라 꽃이 피며 열매를 맺습니다. 다시 겨울을 보내고 이런 과정을 반복합니다. 여러해살이 식물에는 감나무, 복숭아나무, 진달래, 민들레, 비비추, 개나리 등이 있습니다.

5문단
o 중심어에 ◯하기
o 중심 문장에 ____ 긋기

5 이처럼 한해살이 식물과 여러해살이 식물은 한살이 기간이 다릅니다. 하지만 씨가 싹이 터서 자라면 꽃이 피고, 열매를 맺어 같은 종류의 씨를 만들어 번식한다는 공통점이 있습니다.

그래픽
조직자

지문의 중심 내용을 요약해 보세요.

식물의 한살이

한해살이 식물

뜻 :

종류 :

성장 과정

여러해살이 식물

뜻 :

종류 :

성장 과정

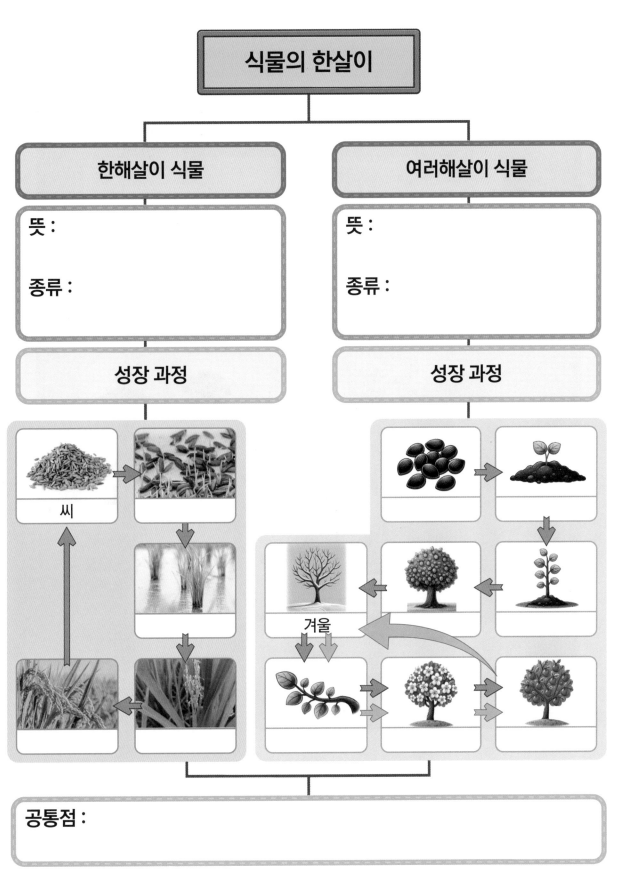

씨

겨울

공통점 :

4단원 | 생물의 한살이

배운 내용을 말로 설명하는 과정은 내가 아는 것과 모르는 것을 구분하여 정확하게 이해하고 기억하게 해 주는 최고의 공부법이에요. 앞에 정리한 내용을 떠올리며 번호 순서대로 설명해 보세요.

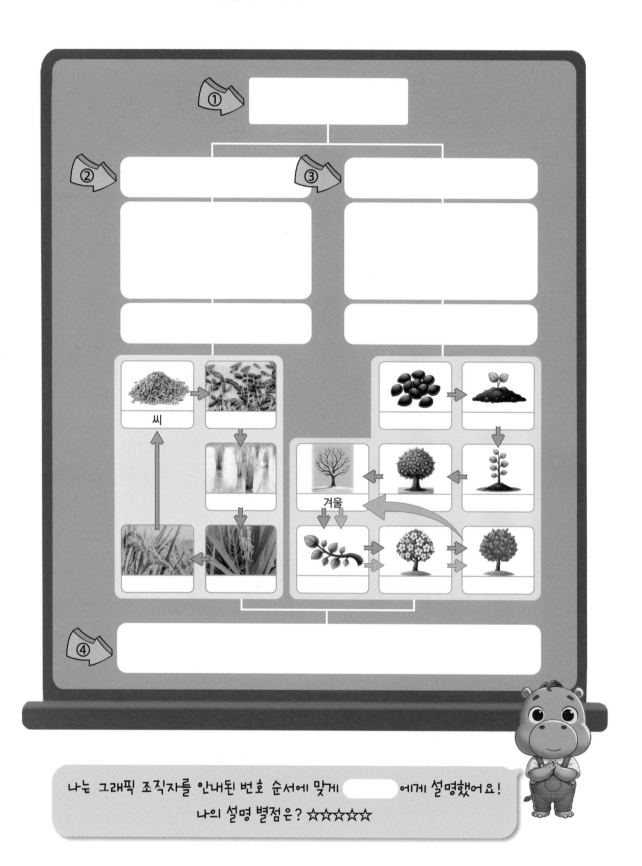

나는 그래픽 조직자를 안내된 번호 순서에 맞게 [   ]에게 설명했어요! 나의 설명 별점은? ☆☆☆☆☆

기억 꺼내기

하롱이와 친구들은 식물의 한살이 미로찾기 게임을 하기로 했어요. 여러해살이 식물만 따라가며 미로를 통과하는 게임이에요. 한해살이 식물은 미로를 통과할 수 없고, 폭탄을 만나면 되돌아가야 해요. 여러해살이 식물에는 어떤 것이 있었는지 하롱이는 잘 기억하고 있을까요?

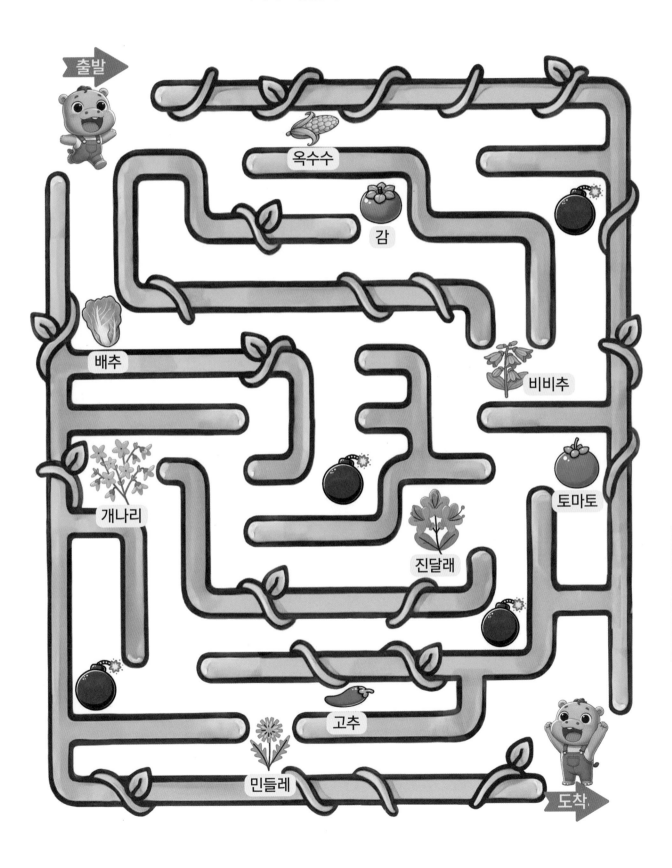

어휘 놀이터

하롱이가 강을 건너려고 해요. 아래 설명에 맞는 어휘를 찾아 선으로 이어 주면 징검다리가 돼요. 반대편에 도착할 때까지 화살표 방향으로 잘 따라가 보세요.

3학년 1반 친구들이 모둠별로 패들렛에 '생물의 한살이' 내용을 정리하고 있어요. 패들렛에 쓰인 질문에 따라 배운 내용을 떠올리며 자유롭게 정리해 보세요.

생물의 한살이

알을 낳는 동물과 새끼를 낳는 동물의 한살이 과정의 차이점은 무엇인가요?	식물의 씨가 싹트는 조건과 식물이 자라는 조건의 차이점은 무엇인가요?	한해살이 식물과 여러해살이 식물의 공통점과 차이점은 무엇인가요?
동물이 태어나서 자라고 짝짓기를 해서 자손을 남기는 과정을 동물의 한살이라고 해. 알을 낳는 동물의 한살이 과정은	식물이 싹트기 위해서는 먼저 물이 필요해. 그리고	한해살이 식물과 여러해살이 식물의 공통점은 씨가 싹이 트고 자라서 꽃이 피고, 열매를 맺어 같은 종류의 씨를 만들어 번식한다는 것이야. 차이점은
새끼를 낳는 동물의 한살이 과정은	식물이 자라기 위해서는 위의 두 조건에 더 필요한 게 있지. 차이점은 바로	

어휘 사전

01 일상생활에서 힘과 관련된 현상과 도구의 활용을 알아볼까요?

물체
모양이나 형태가 있어 보고 만질 수 있는 것

우리가 눈으로 어떤 물체를 볼 수 있는 것은 빛 때문이다.

무게
물체의 무겁고 가벼운 정도 🔵 중량

우리는 물체의 무게를 느끼거나 측정하는 일이 많다.

단위
수, 양, 길이, 무게, 시간, 크기 등을 수치로 나타낼 때 기초가 되는 기준

무게의 단위에는 g(그램), kg(킬로그램), N(뉴턴) 등이 있다.

그램(g)
무게를 재는 단위. 기호는 g이라고 쓴다.

소금 5그램은 티스푼 한 숟가락 정도이다.

킬로그램 (kg)
무게를 재는 단위. 기호는 kg이라고 쓴다.

47킬로그램이었던 몸무게가 43킬로그램까지 빠졌다.

도구
일을 할 때 쓰는 것을 통틀어 이르는 말

청소를 깨끗하게 하기 위해 청소 도구가 필요하다.

지레
'지렛대'의 줄임말. 무거운 물건을 움직일 때 사용하는 막대기

무거운 바위를 지렛대로 옮겼다.

빗면
수평면과 90도 이내의 각도를 이루는 비스듬히 기운 면

휠체어가 쉽게 올라갈 수 있도록 빗면을 이용한 경사로를 만들었다.

원리	어떤 일이 일어나는 기본적인 이유나 규칙 장난감이 작동하는 원리를 찾느라 설명서를 확인했다.
경사로	병원, 마트, 주차장 등에서 주로 이용하는 경사진 통로 건물 입구에 휠체어가 다닐 수 있는 경사로를 만들고 있다.

02 | 수평 잡기로 물체의 무게를 어떻게 비교할까요?

수평	물체가 어느 한쪽으로도 기울어지지 않은 상태 시소를 탈 때 수평을 맞추면 재미있게 탈 수 있다.
기울어지다	비스듬하게 한쪽으로 비뚤어지거나 낮아진다. 몸무게가 더 많이 나가는 친구 쪽으로 시소가 기울어진다.
균형	어느 한쪽으로 기울거나 치우치지 아니하고 평형을 이룬 상태 시소를 탈 때 양쪽 무게가 균형을 이루면 재미있게 탈 수 있다.
한가운데	가장 중심이 되는 곳이나 가운데에서도 딱 중심 시소 한가운데인 받침점으로부터 같은 위치에서 수평을 잡는다.
받침점	지렛대를 받치고 있는 점 수평 잡기에서 중요한 것은 받침점이다.
거리	한쪽에서 다른 쪽까지 서로 떨어진 길이 받침점으로부터 같은 거리에 무게를 올려놓는다.
옮기다	어떤 곳에서 다른 곳으로 물건을 가져다 놓다. 시소의 수평을 맞추기 위해 자리를 옮겼다.

| 비교하다 | 둘 이상을 서로 견주다. |
| | 저울로 물체의 무게를 비교할 수 있다. |

03 | 저울로 무게를 정확하게 측정해 볼까요?

| 어림잡다 | 대충 짐작으로 헤아려 보다. |
| | 물체의 무게를 어림잡아 알 수는 있지만, 정확한 무게는 알 수 없다. |

| 저울 | 무게를 재는 기구를 두루 이르는 말 |
| | 물체의 무게를 정확하게 측정하기 위해서 저울을 사용한다. |

| 상품 | 사고파는 물품 |
| | 손님에게 딱 맞는 상품을 골라 준다. |

| 가격 | 물건이 가진 가치를 돈으로 나타낸 것 |
| | 물건을 살 때 가격을 확인하고 고른다. |

| 재료 | 어떤 것을 만드는 데 들어가는 것 |
| | 정해진 무게의 재료를 사용해 일정한 상품을 만든다. |

| 일정한 | 어떤 것의 크기, 모양, 시간 따위가 정해진. 또는 달라지지 않고 한결같은 |
| | 방 안의 온도를 일정하게 유지하는 것이 좋다. |

| 체급 | 권투, 유도, 씨름 등에서 경기하는 사람의 체중에 따라서 매겨진 등급 |
| | 권투 선수는 체급을 올리려고 체중을 늘렸다. |

| 공정 | 한쪽으로 기울거나 치우치지 않게 고르고 올바름 |
| | 스포츠 경기 시 공정한 경기를 할 수 있다. |

경기	일정한 규칙을 지키면서 기술과 재주를 겨룸. 또는 그런 일
	다른 반과 축구 경기를 하는 날이다.
용수철	철사를 나선 모양으로 감아서 만든 것 ㈜ 스프링
	물체의 무게에 따라 용수철이 늘어나는 길이를 일정한 눈금으로 표시하여 만든 저울이 용수철저울이다.
영점 조절	물체의 무게를 측정할 때 영점 조절나사로 표시 자를 눈금의 '0'에 맞추는 것
	영점을 조절해야 정확하게 물체의 무게를 측정한다.
표시 자	물체의 무게를 쉽게 눈으로 확인할 수 있게 무게를 가리키는 부분
	고리에 물체를 걸면 표시 자가 가리키는 눈금의 숫자를 읽는다.
눈금	자, 저울, 온도계 등에 수나 양을 표시하기 위해 나타내는 금
	용수철저울의 표시 자가 가리키는 눈금의 숫자를 읽는다.
가리키다	손가락 등으로 어떤 방향이나 대상을 집어서 말하거나 알리다.
	표시 자가 가리키는 눈금과 눈높이를 맞추어야 한다.
전자저울	저울판 위에 올려놓은 상품의 무게가 자동으로 표시되는 저울
	하랑이는 아침에 일어나면 전자저울에 올라가 몸무게를 잰다.

01 | 여러 가지 동물의 특징에 따른 분류와 생활 속 모방을 알아볼까요?

화단
꽃을 심기 위하여 흙을 깔아 꾸며 놓은 꽃밭 🔵꽃밭

우리 집 마당에는 예쁜 꽃들을 심어 놓은 화단이 있다.

흥미
재미가 있어 마음이 끌리고 관심이 생기는 것 🔵관심

나는 요즘 골프에 흥미를 느낀다.

호기심
새롭고 궁금한 것을 알고 싶어 하는 마음

상자를 보고 호기심에 활짝 열어보았다.

분류
성질이 같은 것끼리 가르는 것

생물은 동물과 식물로 분류할 수 있다.

모방
다른 것을 흉내 내어 그대로 따라 하는 것 🔴창조

유아기는 부모님의 행동을 모방하면서 배운다.

흡착
어떤 물질이 달라붙음

이 필터는 미세먼지를 흡착하는 방식으로 만들어졌다.

저항
어떤 힘에 밀리지 않도록 맞서서 버티거나 막아내는 것

그는 적의 공격에 철저히 저항했다.

밑창
바닥에 닿는 신발 밑부분

운동화 밑창이 오래되어 닳기 시작했다.

방식	어떤 것을 알맞게 다루는 방법이나 형식
	나라마다 환경과 생활 방식이 다르다.

유용하다	쓸모가 있다.
	핸드폰은 나에게 매우 유용한 물건이다.

건조하다	말라서 물기나 습기가 없다. 🔁 메마르다
	방이 건조해서 젖은 빨래를 널어놓았다.

열기	뜨거운 기운
	축구 경기장은 응원하는 사람들의 열기로 한껏 달아올랐다.

빽빽하다	빈틈이 거의 없고 공간 사이가 촘촘하다. 🔁 울창하다
	공연장 안에 사람들이 빽빽하게 차 있어서 이동하기가 힘들 정도다.

3단원

01 | 식물을 특징에 따라 분류하고 활용하는 방법을 알아볼까요?

관찰	모든 사물이나 일어나는 일을 자세하게 살펴보는 것 잎의 생김새를 세밀하게 관찰해서 그대로 표현했다.
분류	비슷한 것끼리 나누는 것 식물들은 분류 기준에 의해 표로 나타내 보자.
촉감	손이나 피부로 느껴지는 느낌 강아지풀을 손으로 만져 보니 촉감이 까슬까슬 폭신했다.
활엽수	잎이 넓은 나무의 종류 더운 여름에는 활엽수 나무 밑에서 시원하게 독서해요.
침엽수	잎이 바늘처럼 가늘고, 끝이 뾰족한 겉씨식물 사철 푸른 침엽수는 추운 겨울 날씨를 잘 견딘다.
매끈하다	겉이 환하고 윤기 나며, 만져 보면 부드럽다. 감나무잎을 만져 보면 매끈하다.
톱니바퀴	일정한 간격으로 서로 맞물려 돌아가게 톱니를 내어 만든 바퀴 할아버지 수동시계를 들여다보니 톱니바퀴가 맞물려 돌아가고 있다.
발명품	없던 물건을 새롭게 만들고, 없던 기술을 새롭게 생각해 내는 것 세상의 빠른 변화로 하루에도 많은 발명품이 나오고 있다.

도꼬마리 열매	국화과 한해살이풀, 열매에 빳빳한 털이 짧고 빽빽하게 있음
	도꼬마리 열매가 내 스웨터에 자꾸 달라붙었다.
갈고리	물건의 끝이 구부러져 뾰족함
	낚싯바늘 끝은 갈고리 모양이다.
덩굴	식물의 줄기가 길게 뻗어 벽을 타고 다른 식물을 감기도 하는 것
	5월에 장미 정원에 가면 꽃의 여왕답게 장미 덩굴이 무성해져 있다.
가시	뾰족하고 바늘처럼 가는 것
	내가 가져온 선인장을 동생이 만져서 손가락에 가시가 들어갔다.
철조망	가시 철이 달린 철선을 그물 모양으로 얼기설기 엮어 놓은 것
	담장을 뛰어넘지 못하게 가시철조망을 설치해 놓았다.
태양열	태양에서 지구까지 다다르는 열
	새로운 발명품으로 태양열 자동차가 선보였다.
발전	지금 상태보다 더 좋고 높은 단계로 올라가는 것
	하루가 다르게 발전하는 우리나라는 멋진 나라이다.
장치	목적에 맞춰 사용하도록 만든 도구나 기계
	우리 집 난방은 환경을 위해서 태양열 발전 장치를 설치했다.

02 | 식물은 다양한 환경에서 어떻게 적응할까요?

생물	자연에서 생명을 가지고 살아 있는 것 환경에 잘 적응해야 생물이 잘 살아간다.
환경	살아 있는 생물에게 큰 영향을 주는 주변의 조건이나 상황 우리는 환경에 적응하는 시간이 필요하다.
적응	살아가는 환경 조건에 맞춰서 변화하면서 살아가는 것 나는 새 학년, 새 교실 분위기에 빠르게 적응했다.
한해살이	일 년, 한 해를 살고 죽는 식물 반 여러해살이 한해살이 식물은 봄에 새싹이 나고, 가을에 씨를 맺은 후 말라 죽는다.
여러해 살이	여러 해, 2년 이상 생명을 유지해서 사는 식물 반 한해살이 여러해살이 식물 중 사철 푸른 소나무가 있다.
검정말	자라풀과로 송곳 모양 열매, 자주색 꽃, 길이는 60cm 되는 여러해살이 물풀 검정말이 있는 줄기가 부드러워 센 물살에 춤추는 것처럼 보입니다.
부레옥잠	여러해살이 식물로 잎에 공기주머니가 있어 물에 뜬다. 부레옥잠은 강이나 호수 위에 떠서 사는 식물이다.
공기 주머니	식물 잎자루에 공기가 들어 있어 물에 뜰 수 있게 도와주는 것 부모님과 터키 여행에서 열기구를 탄 적이 있는데, 공기주머니 속에 열로 공기를 데워 띄운다는 걸 알게 되었다.
강우량	일정 기간, 일정 장소에서 내린 비의 양 장마철 평균 강우량은 300~500mm 이상이다.

건조	물기가 전혀 없어서 마른 상태
	건조한 날씨에는 달콤한 차를 마시면 좋다.

생존	살아 있음을 알리는 것 [반] 사망
	환경에 적응하는 식물만 생존할 수 있다.

구슬이끼	구슬처럼 둥글고 윤기가 있는 이끼
	남극 이끼 중 가장 예쁜 이끼는 구슬이끼이다.

4단원

01 | 알을 낳는 동물과 새끼를 낳는 동물의 한살이는 어떠할까요?

일생	세상에 태어나서 죽을 때까지의 동안
	이 책은 작가의 일생이 담긴 이야기이다.

자손	자식과 손자
	동물은 짝짓기를 해서 자손을 남긴다.

한살이	곤충 등이 알에서 애벌레, 번데기를 거쳐 어른벌레로 바뀌면서 자라는 과정
	친구들과 과학 시간에 배추흰나비의 한살이를 관찰했다.

연노란색	연한 노란색
	병아리 털은 연노란색이다.

길쭉하다	조금 길다. [반] 짤막하다
	두루미는 길쭉한 부리로 음식을 먹는다.

어휘 사전

| 애벌레 | 알에서 깨어 나온 뒤 아직 다 자라지 않은 벌레 [반] 어른벌레 |
| | 작은 애벌레가 번데기를 거쳐 예쁜 나비가 되는 것이 신기하다. |

| 허물 | 파충류, 곤충 등이 자라면서 벗는 껍질 |
| | 애벌레가 허물을 벗을 때마다 애벌레의 크기가 커진다. |

| 번데기 | 애벌레가 어른벌레가 되기 전 한동안 껍질 속에서 먹지도 않고 가만히 있는 몸 |
| | 나비는 알, 애벌레, 번데기 과정을 거쳐야 어른벌레가 된다. |

| 단계 | 일이 되어가는 순서 |
| | 지금은 방학 시작 단계이다. |

| 거치다 | 어떤 단계를 지나는 것 |
| | 우리나라 학생들은 초등학교를 거치고 중학교에 간다. |

| 암수 | 암컷과 수컷 |
| | 할머니는 앵무새 암수 한 쌍을 키우신다. |

| 짝짓기 | 동물 암수가 짝을 이루는 것 |
| | 암컷과 수컷이 자손을 남기려고 짝짓기를 한다. |

| 갓 | 이제 막, 지금 바로 |
| | 우리는 오늘 아침에 갓 태어난 송아지를 보았다. |

씨	식물의 열매 속에 있는, 땅에 심어 물을 주면 싹이 트는 단단한 물질 민들레 씨가 바람에 날려 멀리 퍼진다.
식물	생물의 한 갈래로 빛과 공기와 물로 양분을 얻는 생물. 풀이나 나무 등 🖙 동물 엄마는 베란다에 다양한 종류의 식물을 심어 가꾸신다.
종류	비슷한 것들끼리 나눈 모임 씨는 식물의 종류에 따라 모양, 크기, 색깔 등이 다양하다.
납작하다	두께가 판판하면서 얇고 좀 넓다. 수박씨는 납작한 모양이다.
채송화	꽃을 보려고 심고 가꾸는 한해살이풀. 여름부터 가을까지 빨간색, 노란색, 흰색 같은 여러 빛깔 꽃이 핀다. 학교 화단에 여러 색의 채송화가 피어 있다.
싹	씨, 뿌리, 줄기에서 처음 돋아난 어린잎이나 줄기 식물의 씨는 심으면 싹이 트고 자란다.
트다	식물의 싹, 움, 순(나뭇가지나 풀의 줄기에서 새로 돋아난 연한 싹)이 나오 게 하다. 강낭콩 씨가 싹트는 데 물이 필요하다.
온도	덥고 찬 정도 겨울철 적당한 실내 온도는 18~20℃이다.

| 조건 | 어떤 일을 이루려면 갖추어야 하는 것 |
| | 식물이 자라는 조건을 다르게 해서 관찰한다. |

| 틔우다 | 식물의 싹이나 움(풀이나 나무에 새로 돋는 싹)을 나오게 하다. |
| | 물이 없으면 씨는 싹을 틔우지 못한다. |

| 양분 | 생물이 살아가는 데 필요한 영양이 되는 성분 |
| | 빛은 물과 함께 식물이 양분을 만드는 데 중요한 역할을 한다. |

| 역할 | 맡아서 해야 하는 일 또는 맡은 바 임무 |
| | 연극 발표회에서 주인공 역할을 맡았다. |

03 여러 가지 식물의 한살이를 알아볼까요?

| 자손 | 자식과 손자 |
| | 동물은 짝짓기를 해서 자손을 남긴다. |

| 한살이 | 식물의 씨가 싹이 트고 잎과 줄기가 자라 꽃이 피고 열매를 맺어 다시 씨가 만들어지는 과정 |
| | 식물의 한살이를 관찰하기 쉬운 식물에는 강낭콩, 나팔꽃, 봉숭아 등이 있다. |

| 시들다 | 꽃이나 풀 등이 말라 생기를 잃다. |
| | 겨울이 되면 잎이 시들어 죽는 식물이 있다. |

| 한해살이 | 벼처럼 한 해 동안 한살이 과정을 거치고 죽는 식물 |
| | 한해살이 식물에는 나팔꽃, 토마토, 옥수수, 수박 등이 있다. |

볍씨	벼(논에 심어 가꾸는 곡식)의 씨
	벼는 딱딱한 볍씨에서 씨가 부풀어져 커지고 싹이 튼다.

부풀다	작던 것이 점점 커지는 것
	물을 흡수한 강낭콩이 크게 부풀었다.

맺다	열매, 꽃망울 같은 것이 생기거나 이루다.
	꽃이 시들고 열매를 맺었다.

되풀이	같은 말이나 행동을 여러 번 반복하는 것
	아빠는 어제 한 말을 똑같이 되풀이했다.

여러해살이	여러 해를 살면서 한살이 과정의 일부를 되풀이하는 식물
	여러해살이 식물에는 감나무, 진달래, 민들레 등이 있다.

새순	새로 나오는 어린순 또는 어린싹
	사과나무는 겨울을 보내며 새순이 나오고 잎과 줄기가 더 자란다.

비비추	잎이 줄기를 거치지 않고 뿌리에서 바로 나는 풀. 여름에 연보라색 꽃이 피며 어린순을 먹는다. 향기가 좋아 관상용으로 쓰인다.
	비비추는 여러해살이 식물 중 하나이다.

번식	동식물의 수가 늘거나 널리 퍼지는 것
	비에 젖은 운동화를 잘 말려야 세균의 번식을 막을 수 있다.

공통점	서로 비슷하거나 같은 점 반 차이점
	씨가 싹터서 자라며, 꽃이 피고 열매를 맺어 번식한다는 공통점이 있다.

어휘 사전

정답

1단원 - 힘과 우리 생활

01 일상생활에서 힘과 관련된 현상과 도구의 활용을 알아볼까요?

21쪽 - 생각 열기

얘들아, 새총보다 더 강력한 비밀 무기 만드는 것을 도와줘.
무엇을 어떻게 만들지 그림과 자세한 설명으로 표현해 주면 좋겠어.

보기

자기 생각대로
비밀 무기
그리기

예시) 비밀 무기를 만들기 위해 나무 널판지, 벽돌, 바구니, 노끈, 돌멩이가 필요합니다. 벽돌을 쌓아올려 받침점을 만든 뒤 나무 널판지를 올립니다. 한쪽 끝에 바구니를 노끈으로 튼튼하게 매단 후 돌멩이를 넣어 던집니다. 사냥꾼 탑을 명중시키면 성공!

24쪽 - 내용이 쏙쏙

1문단
● 중심어에 ○하기
● 중심 문장에 ___긋기

2문단
● 중심어에 ○하기
● 중심 문장에 ___긋기

3문단
● 중심어에 ○하기
● 중심 문장에 ___긋기
● 도구 2개에 ○하기

① 책상 위의 책을 옮기거나, 서랍을 여닫을 때, 사과를 반으로 자르거나 찰흙의 모양을 바꿀 때 모두 힘을 사용합니다. 힘이란 물건을 움직이거나 멈추게 하거나, 모양을 바꾸는 것을 말합니다.

② 힘은 물체의 무게에 따라 크기가 달라집니다. 물체의 무겁고 가벼운 정도를 무게라고 합니다. 무게가 적게 나가는 물건은 작은 힘으로도 움직일 수 있지만, 무게가 많이 나가는 물건을 움직이려면 더 큰 힘이 필요합니다. 무거운 책상은 옮기기 힘들지만, 가벼운 책은 쉽게 옮길 수 있는 것과 같습니다. 무게의 단위에는 g(그램), kg(킬로그램) 등이 있습니다.

③ 우리 주변에는 작은 힘으로도 무거운 물건을 쉽게 움직일 수 있도록 도와주는 도구들이 있습니다. 지레나 빗면 같은 도구들이 그런 역할을 합니다. 지레는 막대기를 이용해서 무거운 물건을 쉽게 들어 올릴 수 있는 도구입니다. 새총, 투석기, 병따개, 장도리, 가위, 손톱깎이 같은 물건들이 바로 지레의 원리를 이용해 만든 도구입니다. 빗면은 비스듬한 면을 이용해서 무거운 물건을 쉽게 끌어올릴 수 있는 도구입니다. 미끄럼틀이나 휠체어가 다니는 경사로처럼 비스듬한 면을 활용한 것들은 모두 빗면의 원리를 사용한 것입니다.

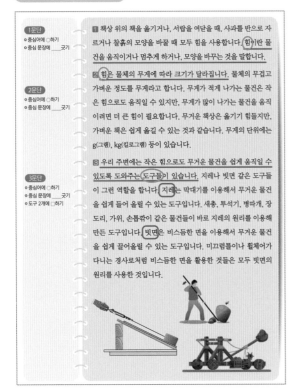

25쪽 - 그래픽 조직자

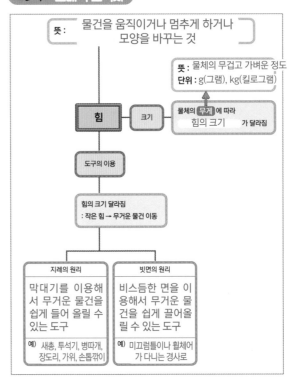

뜻 : 물건을 움직이거나 멈추게 하거나 모양을 바꾸는 것

뜻 : 물체의 무겁고 가벼운 정도
단위 : g(그램), kg(킬로그램)

힘 ─ 크기

물체의 무게 에 따라 힘의 크기 가 달라짐

도구의 이용

힘의 크기 달라짐
: 작은 힘 → 무거운 물건 이동

지레의 원리	빗면의 원리
막대기를 이용해서 무거운 물건을 쉽게 들어 올릴 수 있는 도구	비스듬한 면을 이용해서 무거운 물건을 쉽게 끌어올릴 수 있는 도구
예) 새총, 투석기, 병따개, 장도리, 가위, 손톱깎이	예) 미끄럼틀이나 휠체어가 다니는 경사로

27쪽 - 기억 꺼내기

힘이란 물건을 이동하거나 모양을 바꾸는 것을 말합니다.
힘의 크기는 물체의 무게에 따라 달라집니다. 물체의 무게가 적게 나갈 때는 작은 힘으로, 물체의 무게가 무거울 때는 큰 힘을 필요로 합니다.

작은 힘으로 무거운 물체를 쉽게 움직일 수 있는 도구에는

지레의 원리를 이용한 새총, 투석기, 병따개, 장도리, 가위, 손톱깎이 등이 있습니다. 빗면의 원리를 이용한 도구에는 미끄럼틀이나 휠체어가 다니는 경사로가 있습니다.

02 수평 잡기로 물체의 무게를 어떻게 비교할까요?

29쪽 - 생각 열기

똥이야, 시소가 늑대 쪽으로 기울어지게 하려면 [1] 번에 앉아.

그 이유는,

시소를 탈 때 무거운 똥이가 받침점에 가까이 앉으면 시소가 늑대 쪽으로 기울게 돼. 그러니까 받침점에서 가장 가까운 자리인 1번에 앉으렴.

32쪽 - 내용이 쏙쏙

1문단
○중심어에 ○하기
○중심 문장에 ___ 긋기

❶ 수평이란 물체가 어느 한쪽으로도 기울어지지 않은 상태를 말합니다. 놀이터에서 친구와 시소를 탈 때 몸무게가 같고 시소 한가운데인 받침점으로부터 같은 거리에 앉았다면 수평을 이루며 재미있게 탈 수 있습니다. 그러나 몸무게가 다르면 몸무게가 더 많이 나가는 친구 쪽으로 시소가 기울어집니다. 이때 몸무게가 더 많이 나가는 친구가 시소 한가운데 가까이 자리를 옮기면 시소가 다시 균형을 이루어 재미있게 탈 수 있습니다.

2문단
○중심어에 ○하기
○중심 문장에 ___ 긋기

❷ 수평을 잡을 때 받침점이 중요한 역할을 합니다. 나무판자 가운데 있는 받침점은 시소의 한가운데와 같은 역할을 합니다. 두 물체의 무게가 같고, 나무판자의 받침점에서 같은 거리에 물체를 올려놓으면 수평을 이룹니다. 두 물체의 무게가 다르고, 받침점에서의 거리가 같으면 나무판자는 무거운 쪽으로 기울어집니다. 이때 수평을 맞추려면 무거운 물체를 받침점 쪽으로 조금 옮겨야 합니다. 시소 타기에서 무거운 친구가 받침점 가까이에 자리를 옮겨 앉으면 수평을 맞출 수 있는 원리와 같습니다.

3문단
○중심어에 ○하기
○중심 문장에 ___ 긋기

❸ 수평 잡기를 이용하면 물체의 무게를 비교할 수 있습니다. 나무판자의 받침점에서 양쪽으로 같은 거리에 두 물체를 올려놓았을 때, 나무판자가 수평을 이루면 두 물체의 무게는 같습니다. 반면, 나무판자가 한쪽으로 기울어지면 기울어진 쪽에 있는 물체의 무게가 더 무겁다는 것을 알 수 있습니다.

33쪽 - 그래픽 조직자

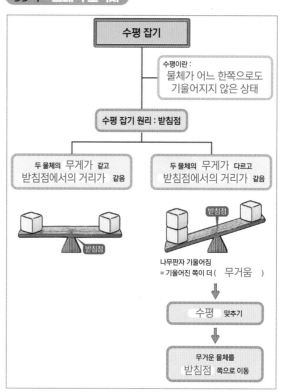

수평 잡기

수평이란 : 물체가 어느 한쪽으로도 기울어지지 않은 상태

수평 잡기 원리 : 받침점

두 물체의 무게가 같고 받침점에서의 거리가 같음

두 물체의 무게가 다르고 받침점에서의 거리가 같음

나무판자 기울어짐 = 기울어진 쪽이 더 (무거움)

수평 맞추기

무거운 물체를 받침점 쪽으로 이동

35쪽 - 기억 꺼내기

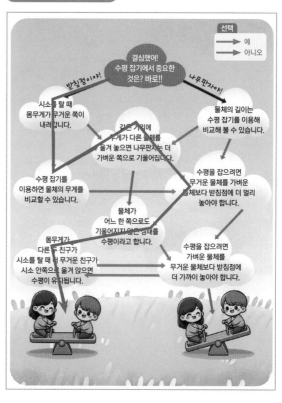

정답 **133**

03 저울로 무게를 정확하게 측정해 볼까요?

37쪽 – 생각 열기

용의 수염 부분을 보고 용수철이라
는 이름을 지었을 것 같아. 그 이유
는 용수는 돌돌 말려 있는 용의 수염
을 말하는데, 잡아당겨도 금방 돌돌
말린 모양으로 되돌아간다고 전해
지기 때문이야.

40쪽 – 내용이 쏙쏙

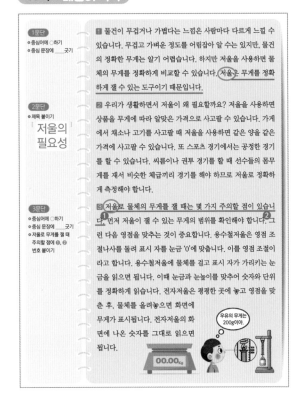

1문단
● 중심어에 ○하기
● 중심 문장에 ___ 긋기

1 물건이 무겁거나 가볍다는 느낌은 사람마다 다르게 느낄 수
있습니다. 무겁고 가벼운 정도를 어림잡아 알 수는 있지만, 물건
의 정확한 무게는 알기 어렵습니다. 하지만 저울을 사용하면 물
체의 무게를 정확하게 비교할 수 있습니다. 저울은 무게를 정확
하게 잴 수 있는 도구이기 때문입니다.

2문단
● 제목 붙이기
저울의
필요성

2 우리가 생활하면서 저울이 왜 필요할까요? 저울을 사용하면
상품을 무게에 따라 알맞은 가격으로 사고팔 수 있습니다. 가게
에서 채소나 고기를 사고팔 때 저울을 사용하면 같은 양을 같은
가격에 사고팔 수 있습니다. 또 스포츠 경기에서는 공정한 경기
를 할 수 있습니다. 씨름이나 권투 경기를 할 때 선수들의 몸무
게를 재서 비슷한 체급끼리 경기를 해야 하므로 저울로 정확하
게 측정해야 합니다.

3문단
● 중심어에 ○하기
● 중심 문장에 ___ 긋기
● 저울로 무게를 잴 때
주의할 점에 ❶, ❷
번호 붙이기

3 저울로 물체의 무게를 잴 때는 몇 가지 주의할 점이 있습니
다. 먼저 저울이 잴 수 있는 무게의 범위를 확인해야 합니다. 그
런 다음 영점을 맞추는 것이 중요합니다. 용수철저울은 영점 조
절나사를 돌려 표시 자를 눈금 '0'에 맞춥니다. 이를 영점 조절이
라고 합니다. 용수철저울에 물체를 걸고 표시 자가 가리키는 눈
금을 읽으면 됩니다. 이때 눈금과 눈높이를 맞추어 숫자와 단위
를 정확하게 읽습니다. 전자저울은 평평한 곳에 놓고 영점을 맞
춘 후, 물체를 올려놓으면 화면에
무게가 표시됩니다. 전자저울의 화
면에 나온 숫자를 그대로 읽으면
됩니다.

우유의 무게는
200g이야.

41쪽 – 그래픽 조직자

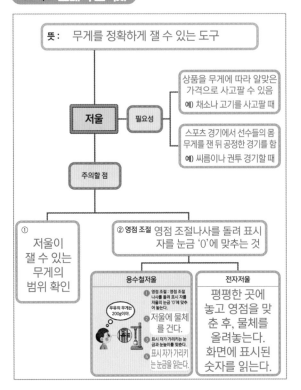

뜻: 무게를 정확하게 잴 수 있는 도구

저울 — 필요성 —
상품을 무게에 따라 알맞은
가격으로 사고팔 수 있음
예) 채소나 고기를 사고팔 때

스포츠 경기에서 선수들의 몸
무게를 잰 뒤 공정한 경기를 함
예) 씨름이나 권투 경기할 때

주의할 점

① 저울이 잴 수 있는 무게의 범위 확인

② 영점 조절 영점 조절나사를 돌려 표시 자를 눈금 '0'에 맞추는 것

용수철저울
❶ 영점 조절: 영점 조절
나사를 돌려 표시 자를
저울의 눈금 '0'에 맞추
어 놓는다.
❷ 저울에 물체를 건다.
❸ 표시 자가 가리키는 눈
금과 눈높이를 맞춘다.
❹ 표시 자가 가리키
는 눈금을 읽는다.

우유의 무게는
200g이야.

전자저울
평평한 곳에
놓고 영점을 맞
춘 후, 물체를
올려놓는다.
화면에 표시된
숫자를 읽는다.

43쪽 – 기억 꺼내기

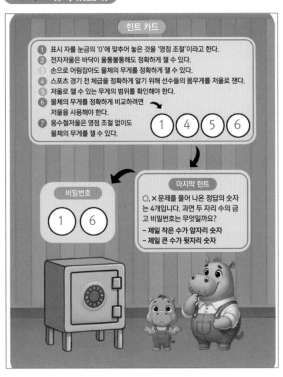

힌트 카드

1 표시 자를 눈금의 '0'에 맞추어 놓은 것을 '영점 조절'이라고 한다.
2 전자저울은 바닥이 울퉁불퉁해도 정확하게 잴 수 있다.
3 손으로 어림잡아도 물체의 무게를 정확하게 잴 수 있다.
4 스포츠 경기 전 체급을 정확하게 알기 위해 선수들의 몸무게를 저울로 잰다.
5 저울로 잴 수 있는 무게의 범위를 확인해야 한다.
6 물체의 무게를 정확하게 비교하려면 저울을 사용해야 한다.
7 용수철저울은 영점 조절 없이도 물체의 무게를 잴 수 있다.

1 4 5 6

비밀번호
1 6

마지막 힌트
O, ✕ 문제를 풀어 나온 정답의 숫자
는 4개입니다. 과연 두 자리 수의 금
고 비밀번호는 무엇일까요?
- 제일 작은 수가 앞자리 숫자
- 제일 큰 수가 뒷자리 숫자

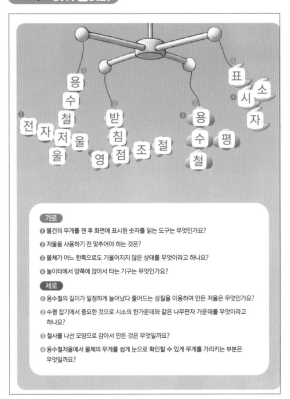

가로
❶ 물건의 무게를 잰 후 화면에 표시된 숫자를 읽는 도구는 무엇인가요?
❷ 저울을 사용하기 전 맞추어야 하는 것은?
❸ 물체가 어느 한쪽으로도 기울어지지 않은 상태를 무엇이라고 하나요?
❹ 놀이터에서 양쪽에 앉아서 타는 기구는 무엇인가요?

세로
❶ 용수철의 길이가 일정하게 늘어났다 줄어드는 성질을 이용하여 만든 저울은 무엇인가요?
❷ 수평 잡기에서 중요한 것으로 시소의 한가운데와 같은 나무판자 가운데를 무엇이라고 하나요?
❸ 철사를 나선 모양으로 감아서 만든 것은 무엇일까요?
❹ 용수철저울에서 물체의 무게를 쉽게 눈으로 확인할 수 있게 무게를 가리키는 부분은 무엇일까요?

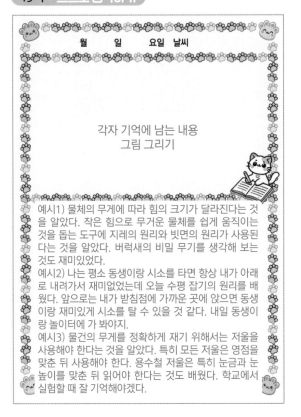

월 일 요일 날씨

각자 기억에 남는 내용 그림 그리기

예시1) 물체의 무게에 따라 힘의 크기가 달라진다는 것을 알았다. 작은 힘으로 무거운 물체를 쉽게 움직이는 것을 돕는 도구에 지레의 원리와 빗면의 원리가 사용된다는 것을 알았다. 버럭새의 비밀 무기를 생각해 보는 것도 재미있었다.
예시2) 나는 평소 동생이랑 시소를 타면 항상 내가 아래로 내려가서 재미없었는데 오늘 수평 잡기의 원리를 배웠다. 앞으로는 내가 받침점에 가까운 곳에 앉지 않으면 동생이랑 재미있게 시소를 탈 수 있을 것 같다. 내일 동생이랑 놀이터에 가 봐야지.
예시3) 물건의 무게를 정확하게 재기 위해서는 저울을 사용해야 한다는 것을 알았다. 특히 모든 저울은 영점을 맞춘 뒤 사용해야 한다. 용수철 저울은 특히 눈금과 눈높이를 맞춘 뒤 읽어야 한다는 것도 배웠다. 학교에서 실험할 때 잘 기억해야겠다.

2단원 - 동물의 생활

❶ 여러 가지 동물의 특징에 따른 분류와 생활 속 모방을 알아볼까요?

물총새는 길고 뾰족한 부리 덕분에 물속에 뛰어들 때 물이 거의 튀지 않습니다.

미끄럽고 높은 유리벽도 거뜬히 올라가는 도마뱀 로봇

수리의 발가락은 먹이를 잘 잡고 절대 놓치지 않습니다.

열차 앞부분을 길쭉하게 만들어 터널 속으로 빠르게 들어가도 시끄러운 소리가 거의 나지 않는 고속 열차

도마뱀붙이는 발바닥에 수백만 개의 털이 있어 벽, 천장을 떨어지지 않고 잘 기어올라갑니다.

무겁고 많은 물건을 집어서 옮기는 집게차

생체 모방 기술은 생물의 좋은 특징을 본떠서 만든 기술을 말합니다. 일상생활용품뿐만 아니라 첨단 과학기술 분야에도 이러한 기술을 활용하고 있습니다.

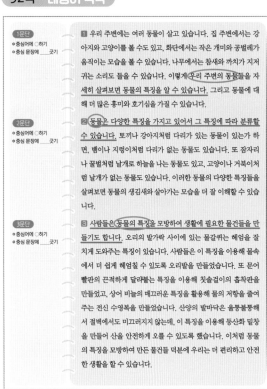

1문단
●중심어에 ○하기
●중심 문장에 ___긋기

❶ 우리 주변에는 여러 동물이 살고 있습니다. 집 주변에서는 강아지와 고양이를 볼 수도 있고, 화단에서는 작은 개미와 공벌레가 움직이는 모습을 볼 수 있습니다. 나무에서는 참새와 까치가 지저귀는 소리도 들을 수 있습니다. 이렇게 우리 주변의 동물들을 자세히 살펴보면 동물의 특징을 알 수 있습니다. 그리고 동물에 대해 더 많은 흥미와 호기심을 가질 수 있습니다.

2문단
●중심어에 ○하기
●중심 문장에 ___긋기

❷ 동물은 다양한 특징을 가지고 있어서 그 특징에 따라 분류할 수 있습니다. 토끼나 강아지처럼 다리가 있는 동물이 있는가 하면, 뱀이나 지렁이처럼 다리가 없는 동물도 있습니다. 또 잠자리나 꿀벌처럼 날개로 하늘을 나는 동물도 있고, 고양이나 거북이처럼 날개가 없는 동물도 있습니다. 이러한 동물의 다양한 특징들을 살펴보면 동물의 생김새와 살아가는 모습을 더 잘 이해할 수 있습니다.

3문단
●중심어에 ○하기
●중심 문장에 ___긋기

❸ 사람들은 동물의 특징을 모방하여 생활에 필요한 물건들을 만들기도 합니다. 오리의 발가락 사이에 있는 물갈퀴는 헤엄을 잘 치게 도와주는 특징이 있습니다. 사람들은 이 특징을 이용해 물속에서 더 쉽게 헤엄칠 수 있도록 오리발을 만들었습니다. 또 문어 빨판의 끈적하게 달라붙는 특징을 이용해 칫솔걸이의 흡착판을 만들었고, 상어 비늘의 매끄러운 특징을 활용해 물의 저항을 줄여주는 전신 수영복을 만들었습니다. 산양의 발바닥은 울퉁불퉁해서 절벽에서도 미끄러지지 않는데, 이 특징을 이용해 등산화 밑창을 만들어 산을 안전하게 오를 수 있도록 했습니다. 이처럼 동물의 특징을 모방하여 만든 물건들 덕분에 우리는 더 편리하고 안전한 생활을 할 수 있습니다.

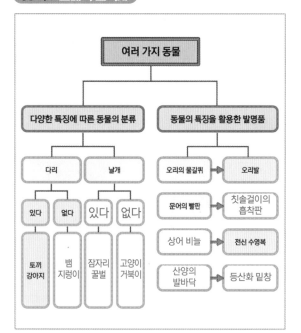

02 환경에 따른 동물의 생김새와 생활 방식을 알아볼까요?

여우는 지구에서 가장 더운 지역과 가장 추운 지역에서 모두 살고 있습니다. 두 여우는 정말 다르게 생겼지만, 특히 귀의 크기가 많이 다르답니다. 사막여우의 귀는 왜 클까요? 북극여우의 말에 힌트가 있어요.

안녕! 난 북극여우야. 북극은 날씨가 너무 춥기 때문에 몸속의 열을 빼앗기지 않기 위해 내 귀가 작은 거란다.

안녕! 난 사막여우야. 내 귀가 큰 이유는 _____ 몸의 열을 밖으로 많이 내보내며 체온을 조절하기 위해서란다.

사막여우와 북극여우의 다른 특징에 대해서도 알아볼까요? 사막여우는 모래에 숨어서 사냥을 하기 때문에 털이 노란색이며, 뜨거운 모래 위를 잘 걸을 수 있도록 발바닥에도 털이 나 있습니다. 북극여우는 눈이 많은 지역에 살기 때문에 겨울에는 털이 하얀색이지만, 여름이 되어 눈이 녹으면 주변 환경과 비슷하게 털 색깔도 어두워집니다.

1문단
· 중심어에 ○하기
· 중심 문장에 ──긋기
· 사는 곳에 □하기
(3개)

1 동물은 다양한 환경에서 살아가며, 그 환경에 따라 생김새와 생활 방식이 다릅니다. 땅 위에 사는 고라니와 여우는 다리가 있어 걷거나 뛰어다니며 생활합니다. 반면 땅속에서는 두더지와 땅강아지가 앞다리를 이용해 땅을 파며 움직입니다. 땅속은 어둡고 좁기 때문에 삽처럼 생긴 앞다리가 땅을 파는 데 매우 유용합니다. 땅 위와 땅속을 자유롭게 오가는 뱀, 지렁이는 몸통이 길고 다리가 없어서 기어다니며 이동합니다.

2문단
· 사는 곳에 □하기
(3개)

2 강이나 호수에는 붕어나 피라미처럼 몸이 부드러운 곡선 모양이고 비늘로 덮여 있는 물고기들이 삽니다. 이들은 지느러미를 사용해 물속을 헤엄치며 먹이를 찾고 적으로부터 도망칩니다. 갯벌에는 게처럼 걸어 다니는 동물도 있고, 조개처럼 기어다니는 동물도 있습니다. 바닷속에는 오징어나 고둥어처럼 지느러미를 이용해 빠르게 헤엄치는 동물들이 살아갑니다.

3문단
· 사는 곳에 □하기

3 하늘을 날아다니는 나비, 잠자리, 참새, 까마귀 등은 모두 날개를 가지고 있어 자유롭게 날아다닙니다. 특히 새들은 뼛속이 비어 있고, 몸이 가벼운 깃털로 덮여 있어서 하늘을 더 잘 날 수 있습니다.

4문단
· 사는 곳에 □하기
(2개)

4 사막처럼 뜨겁고 건조한 곳이나 극지방처럼 매우 추운 곳에도 동물들은 적응하며 살아갑니다. 낙타는 사막에서 살아남기 위해 혹에 물을 저장하고, 모래바람이 불 때 콧구멍을 닫을 수 있습니다. 또한 다리가 매우 길어 뜨거운 모래의 열기로부터 몸을 보호할 수 있습니다. 북극곰은 추운 극지방에서 빽빽한 털과 두꺼운 지방층으로 체온을 유지하며 살아갑니다.

땅			사는 곳	물		
땅 위	땅속	땅 위, 땅속		강, 호수	갯벌	바닷속
고라니, 여우	두더지, 땅강아지	뱀, 지렁이	종류	붕어, 피라미	게, 조개	오징어, 고등어
다리 있음	앞다리 이용	몸통 길, 다리 없음	생김새	부드러운 곡선, 비늘로 덮임, 지느러미 있음		지느러미 있음
걷거나 뛰어다님	땅을 파며 움직임	기어다님	생활 방식	물속 헤엄침	걸어 다니거나 기어다님	빠르게 헤엄침

다양한 환경에서 사는 동물

하늘	사는 곳	사막	극지방
나비, 잠자리, 참새, 까마귀	종류	낙타	북극곰
날개를 가짐	생김새	• 혹 → 물 저장 • 모래바람 → 콧구멍을 여닫음	빽빽한 털, 두꺼운 지방층
날아다님	생활 방식	• 매우 긴 다리 → 뜨거운 모래 열기로부터 몸 보호	체온 유지함

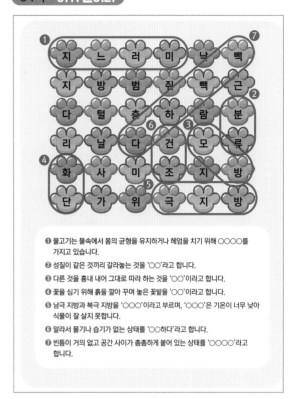

❶ 물고기는 물속에서 몸의 균형을 유지하거나 헤엄을 치기 위해 ○○○○를 가지고 있습니다.

❷ 성질이 같은 것끼리 갈라놓는 것을 '○○'라고 합니다.

❸ 다른 것을 흉내 내어 그대로 따라 하는 것을 '○○'이라고 합니다.

❹ 꽃을 심기 위해 흙을 깔아 꾸며 놓은 꽃밭을 '○○'이라고 합니다.

❺ 남극 지방과 북극 지방을 '○○○'이라고 부르며, '○○'은 기온이 너무 낮아 식물이 잘 살지 못합니다.

❻ 말라서 물기나 습기가 없는 상태를 '○○하다'라고 합니다.

❼ 빈틈이 거의 없고 공간 사이가 촘촘하게 붙어 있는 상태를 '○○○○'라고 합니다.

예시 지렁이는 땅 위와 땅속을 오가며 사는 동물입니다. 몸통이 길고, 다리가 없어서 기어서 이동합니다.

참새는 하늘을 날아다니는 동물입니다. 뼛속이 비어 있고, 몸이 깃털로 덮여 있어 가볍고, 날개가 있어 하늘을 날 수 있습니다.

두더지는 땅속에서 사는 동물입니다. 앞다리가 발달되어 있어 땅을 파며 움직이기에 편리합니다.

3단원 – 식물의 생활

01 식물을 특징에 따라 분류하고 활용하는 방법을 알아볼까요?

69쪽 – 생각 열기

72쪽 – 내용이 쏙쏙

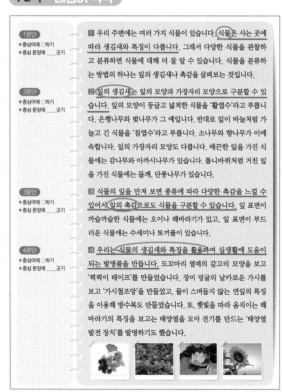

73쪽 – 그래픽 조직자

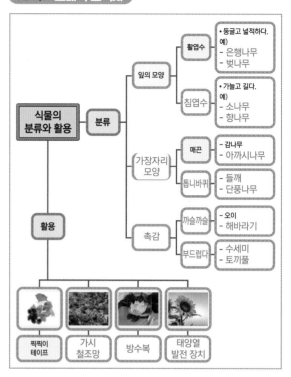

75쪽 – 기억 꺼내기

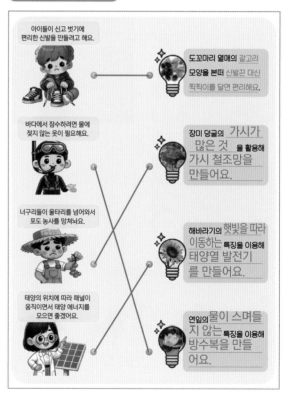

02 식물은 다양한 환경에서 어떻게 적응할까요?

모습은 조금 달라도

우리는 모두 바오바브나무 친구들이야!

비가 많이 내리는 지역

바오바브나무가 날씬한 까닭은

예) 강우량이 많은 지역은 물 저장을 하지 않고 수분 공급이 용이해서 나무 줄기가 날씬하다.

비가 적게 내리는 건조한 지역

바오바브나무가 뚱뚱한 까닭은

예) 강우량이 적은 지역은 수분 공급이 어려워서 줄기에 수분을 저장하기 때문에 나무 줄기가 굵다.

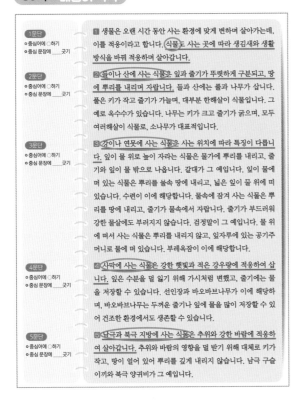

1문단
- 중심어에 ○하기
- 중심 문장에 ___ 긋기

2문단
- 중심어에 ○하기
- 중심 문장에 ___ 긋기

3문단
- 중심어에 ○하기
- 중심 문장에 ___ 긋기

4문단
- 중심어에 ○하기
- 중심 문장에 ___ 긋기

5문단
- 중심어에 ○하기
- 중심 문장에 ___ 긋기

1 생물은 오랜 시간 동안 사는 환경에 맞게 변하며 살아가는데, 이를 적응이라고 합니다. 식물도 사는 곳에 따라 생김새와 생활 방식을 바꿔 적응하며 살아갑니다.

2 들이나 산에 사는 식물은 잎과 줄기가 뚜렷하게 구분되고, 땅에 뿌리를 내리며 자랍니다. 들과 산에는 풀과 나무가 삽니다. 풀은 키가 작고 줄기가 가늘며, 대부분 한해살이 식물입니다. 그 예로 옥수수가 있습니다. 나무는 키가 크고 줄기가 굵으며, 모두 여러해살이 식물로, 소나무가 대표적입니다.

3 강이나 연못에 사는 식물은 사는 위치에 따라 특징이 다릅니다. 잎이 물 위로 높이 자라는 식물은 물가에 뿌리를 내리고, 줄기와 잎이 물 밖으로 나옵니다. 갈대가 그 예입니다. 잎이 물에 떠 있는 식물은 뿌리를 물속 땅에 내리고, 넓은 잎이 물 위에 떠 있습니다. 수련이 이에 해당합니다. 물속에 잠겨 사는 식물은 뿌리를 땅에 내리고, 줄기가 물속에서 자랍니다. 줄기가 부드러워 강한 물살에도 부러지지 않습니다. 검정말이 그 예입니다. 물 위에 떠서 사는 식물은 뿌리를 내리지 않고, 잎자루에 있는 공기주머니로 물에 떠 삽니다. 부레옥잠이 이에 해당합니다.

4 사막에 사는 식물은 강한 햇빛과 적은 강우량에 적응하여 삽니다. 잎은 수분을 덜 잃기 위해 가시처럼 변했고, 줄기에는 물을 저장할 수 있습니다. 선인장과 바오바브나무가 이에 해당하며, 바오바브나무는 두꺼운 줄기와 잎에 물을 많이 저장할 수 있어 건조한 환경에서도 생존할 수 있습니다.

5 남극과 북극 지방에 사는 식물은 추위와 강한 바람에 적응하여 살아갑니다. 추위와 바람의 영향을 덜 받기 위해 대체로 키가 작고, 땅이 얼어 있어 뿌리를 깊게 내리지 않습니다. 남극 구슬이끼와 북극 양귀비가 그 예입니다.

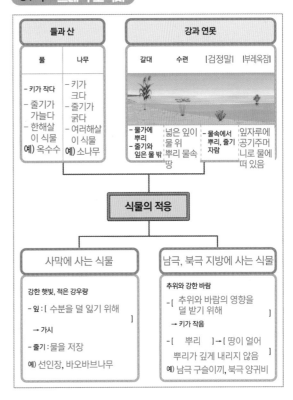

들과 산			강과 연못		
풀	나무	갈대	수련	[검정말]	[부레옥잠]

들과 산

풀
- 키가 작다
- 줄기가 가늘다
- 한해살이 식물
예) 옥수수

나무
- 키가 크다
- 줄기가 굵다
- 여러해살이 식물
예) 소나무

강과 연못

- 물가에 뿌리
- 줄기와 잎은 물 밖

- 넓은 잎이 물 위
- 뿌리 물속 땅

- 물속에서 뿌리, 줄기 자람

- 잎자루에 공기주머니로 물에 떠 있음

식물의 적응

사막에 사는 식물

강한 햇빛, 적은 강우량
- 잎 : [수분을 덜 잃기 위해]
  → 가시
- 줄기 : 물을 저장
예) 선인장, 바오바브나무

남극, 북극 지방에 사는 식물

추위와 강한 바람
- [추위와 바람의 영향을 덜 받기 위해]
  → 키가 작음
- [뿌리] → [땅이 얼어 뿌리가 깊게 내리지 않음]
예) 남극 구슬이끼, 북극 양귀비

기호 [ㄷ] 이유 : 잎은 수분을 덜 잃기 위해 가시처럼 생겨야 한다.

바싹 모래 행성

기호 [ㄹ] 이유 : 물가에서 자라는 식물로, 뿌리가 물에 잠겨 있어야 한다.

촉촉 물가 행성

북극 양귀비 단풍나무

ㄱ ㄴ
ㄷ ㄹ

선인장 갈대

꽁꽁 얼음 행성

기호 [ㄱ] 이유 : 추위에 잘 견딜 수 있게 키가 작고 뿌리를 짧게 내린다.

초록 산들 행성

기호 [ㄴ] 이유 : 계절이 뚜렷해서 잎과 줄기가 잘 자라고 여러해살이를 하며 살아간다.

❶ 잎이 바늘처럼 가늘고, 길며 끝이 뾰족한 식물은?
침엽수

❷ 잎의 모양이 둥글고 넓적한 식물은?
활엽수

❸ 대부분 키가 크고, 줄기가 굵으며, 2년 이상 사는 식물은?
여러해살이 식물

❹ 한 해 살고 죽는 식물은?
한해살이 식물

❺ 일정한 기간 내, 지역에 내리는 비의 양을 말해요.
강우량

❻ 물기가 전혀 없어서 마른 상태는?
건조

❼ 식물의 잎을 손으로 만졌을 때의 느껴지는 감각을 말해요.
촉감

❽ 식물 잎자루에 이것이 들어 있어, 물 위에 떠 있을 수 있어요.
공기주머니

❾ 생물이 오랜 시간 동안 사는 환경에 맞게 변하며 살아가는 것을 말해요.
적응

새롭게 알게 된 내용은 무엇인가요?
예) 식물 잎의 모양과 가장자리 모양, 촉감에 따라 구분한다는 것을 새롭게 알게 되었습니다.

가장 기억에 남는 내용은 무엇인가요?
예) 북극에도 식물이 살 수 있다는 내용이 기억에 남아요. 북극 양귀비 식물도 처음 봐서 신기했습니다.

가장 어려운 내용은 무엇인가요?
예) 식물이 다양한 환경에 적응하는 생활 모습을 정리하기가 어려웠습니다.

더 알고 싶은 내용은 무엇인가요?
예) 북극, 남극에 어떻게 적응하며 식물이 살고 있는지, 더 다양한 식물을 조사해 보고 싶습니다.

4단원 – 생물의 한살이

❶ 알을 낳는 동물과 새끼를 낳는 동물의 한살이는 어떠할까요?

왜 어떤 동물은 알을 낳고, 어떤 동물은 새끼를 낳을까요?
아주 오랜 옛날에는 새끼를 낳는 동물들도 알을 낳았다고 합니다.
하지만 새끼를 안전하게 지키기 위해 뱃속에서 어느 정도 키운 다음 새끼를 낳는 번식 방법으로 진화해 왔다고 합니다.

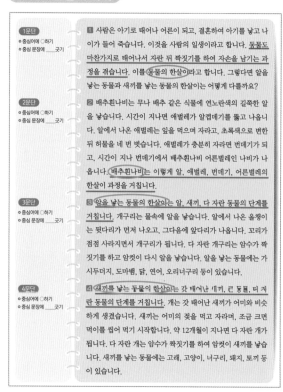

1문단
○ 중심어에 ○하기
○ 중심 문장에 ___긋기

❶ 사람은 아기로 태어나 어른이 되고, 결혼하여 아기를 낳고 나이가 들어 죽습니다. 이것을 사람의 일생이라고 합니다. 동물도 마찬가지로 태어나서 자란 뒤 짝짓기를 하여 자손을 남기는 과정을 겪습니다. 이를 동물의 한살이라고 합니다. 그렇다면 알을 낳는 동물과 새끼를 낳는 동물의 한살이는 어떻게 다를까요?

2문단
○ 중심어에 ○하기
○ 중심 문장에 ___긋기

❷ 배추흰나비는 무나 배추 같은 식물에 연노란색의 길쭉한 알을 낳습니다. 시간이 지나면 애벌레가 알껍데기를 뚫고 나옵니다. 알에서 나온 애벌레는 잎을 먹으며 자라고, 초록색으로 변한 뒤 허물을 네 번 벗습니다. 애벌레가 충분히 자라면 번데기가 되고, 시간이 지나 번데기에서 배추흰나비 어른벌레인 나비가 나옵니다. 배추흰나비는 이렇게 알, 애벌레, 번데기, 어른벌레의 한살이 과정을 거칩니다.

3문단
○ 중심어에 ○하기
○ 중심 문장에 ___긋기

❸ 알을 낳는 동물의 한살이는 알, 새끼, 다 자란 동물의 단계를 거칩니다. 개구리는 물속에 알을 낳습니다. 알에서 나온 올챙이는 뒷다리가 먼저 나오고, 그다음에 앞다리가 나옵니다. 꼬리가 점점 사라지면서 개구리가 됩니다. 다 자란 개구리는 암수가 짝짓기를 하고 암컷이 다시 알을 낳습니다. 알을 낳는 동물에는 가시두더지, 도마뱀, 닭, 연어, 오리너구리 등이 있습니다.

4문단
○ 중심어에 ○하기
○ 중심 문장에 ___긋기

❹ 새끼를 낳는 동물의 한살이는 갓 태어난 새끼, 큰 동물, 다 자란 동물의 단계를 거칩니다. 개는 갓 태어난 새끼가 어미와 비슷하게 생겼습니다. 새끼는 어미의 젖을 먹고 자라며, 조금 크면 먹이를 씹어 먹기 시작합니다. 약 12개월이 지나면 다 자란 개가 됩니다. 다 자란 개는 암수가 짝짓기를 하여 암컷이 새끼를 낳습니다. 새끼를 낳는 동물에는 고래, 고양이, 너구리, 돼지, 토끼 등이 있습니다.

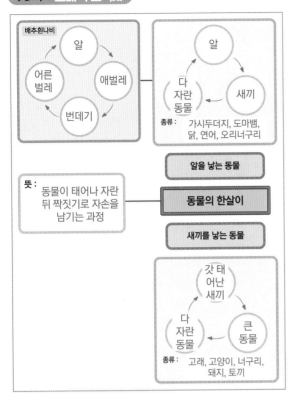

02 씨가 싹트려면 무엇이 필요할까요?

1문단
- 중심어에 ○하기
- 중심 문장에 ___ 긋기

1 맛있는 사과나 수박을 먹다 보면 씨를 볼 수 있습니다. <u>씨는</u> <u>식물의 종류에 따라 모양, 크기, 색깔이 다양합니다.</u> 모양이 완두콩처럼 동그랗거나, 수박씨처럼 납작하기도 합니다. 크기도 채송화 씨처럼 아주 작거나 호두처럼 큰 것도 있습니다. 색깔은 강낭콩처럼 검붉은색이나 옥수수처럼 노란색일 수도 있습니다. 이처럼 씨의 생김새는 각각 다릅니다.

2문단
- 중심어에 ○하기
- 중심 문장에 ___ 긋기

2 식물의 씨는 땅에 심으면 싹이 트고 자랍니다. <u>씨가 싹트려면</u> <u>적당한 물이 필요합니다.</u> 씨의 종류, 온도, 공기 등의 조건이 같을 때 물을 준 강낭콩 씨는 싹이 텄지만, 물을 주지 않은 강낭콩 씨는 싹이 트지 않았습니다. 이처럼 물이 없으면 식물의 씨는 싹을 틔우지 못합니다.

3문단
- 중심어에 ○하기
- 중심 문장에 ___ 긋기

3 <u>또한 식물의 씨가 싹트려면 알맞은 온도가 필요합니다.</u> 대부분 식물은 온도가 너무 낮거나 높으면 싹이 트지 않습니다. 그래서 식물은 추운 겨울에는 씨가 싹을 틔우지 않고 따뜻한 봄이 올 때까지 기다렸다가 싹을 틔웁니다.

4문단
- 중심어에 ○하기
- 중심 문장에 ___ 긋기

4 식물의 씨가 싹을 틔우고 나면 <u>식물이 잘 자라기 위해 적당한</u> <u>물과 알맞은 온도 외에 충분한 빛이 필요합니다.</u> 빛은 물과 함께 식물이 양분을 만드는 데 꼭 필요한 역할을 합니다. 이처럼 식물은 물, 온도, 빛 중 한 가지라도 알맞지 않으면 잘 자라지 못합니다.

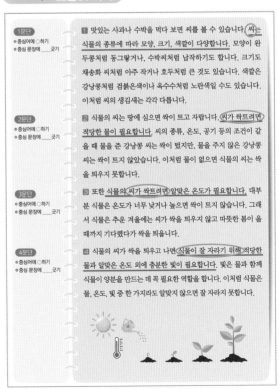

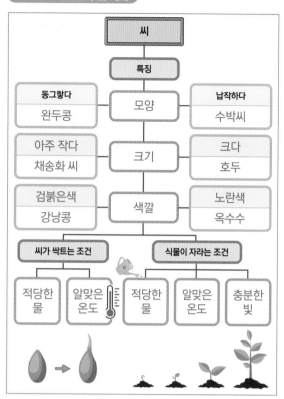

물기를 없애고 습기를 말려서 보관한다. 습하지 않고 서늘한 곳에 보관한다. 하얀색 헝겊을 덮어 준다.

●3 여러 가지 식물의 한살이를 알아볼까요?

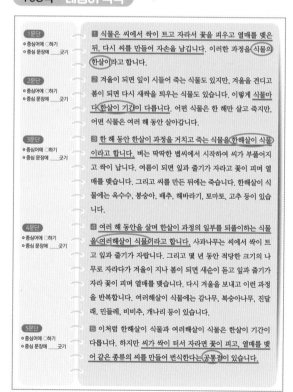

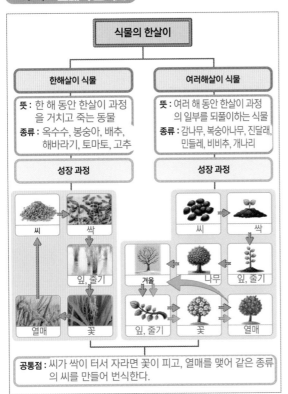

식물의 한살이

한해살이 식물
뜻: 한 해 동안 한살이 과정을 거치고 죽는 동물
종류: 옥수수, 봉숭아, 배추, 해바라기, 토마토, 고추

여러해살이 식물
뜻: 여러 해 동안 한살이 과정의 일부를 되풀이하는 식물
종류: 감나무, 복숭아나무, 진달래, 민들레, 비비추, 개나리

성장 과정
씨 → 싹 → 잎, 줄기 → 꽃 → 열매

성장 과정
씨 → 싹 → 잎, 줄기 → 나무 → 겨울 → 잎, 줄기 → 꽃 → 열매

공통점: 씨가 싹이 터서 자라면 꽃이 피고, 열매를 맺어 같은 종류의 씨를 만들어 번식한다.

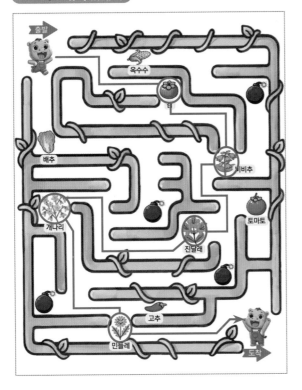

출발
옥수수
배추
개나리
진달래
비비추
토마토
고추
민들레
도착

출발 ➡ 동물이 태어나서 성장하여 자손을 남기고 죽을 때까지의 과정을 동물의 ○○○라고 해요. ➡ 식물이 잘 자라려면 적당한 물, 온도, ○이 필요해요. ➡ 알을 낳는 동물은 알, ○○, 다 자란 동물의 단계를 거치며 자라요. ➡ 식물은 ○를 만들어 자손을 남겨요. ➡ 벼처럼 한 해만 살고 죽는 식물을 말해요. ➡ 사과나무, 감나무처럼 여러 해를 사는 식물을 말해요. ➡ 배추흰나비는 알, 애벌레, ○○○, 어른벌레의 한살이 과정을 거쳐요. ➡ **도착**

◀ 생물의 한살이 ▶

알을 낳는 동물과 새끼를 낳는 동물의 한살이 과정의 차이점은 무엇인가요?

동물이 태어나서 자라고 짝짓기를 해서 자손을 남기는 과정을 동물의 한살이라고 해.

알을 낳는 동물의 한살이 과정은

알, 새끼, 다 자란 동물의 단계를 거쳐.

새끼를 낳는 동물의 한살이 과정은

갓 태어난 새끼, 큰 동물, 다 자란 동물의 단계를 거쳐.

식물의 씨가 싹트는 조건과 식물이 자라는 조건의 차이점은 무엇인가요?

식물이 싹트기 위해서는 먼저 물이 필요해. 그리고

알맞은 온도가 필요해.

식물이 자라기 위해서는 위의 두 조건에 더 필요한 게 있지. 차이점은 바로

충분한 빛이 있어야 해.

한해살이 식물과 여러해살이 식물의 공통점과 차이점은 무엇인가요?

한해살이 식물과 여러해살이 식물의 공통점은 씨가 싹이 트고 자라서 꽃이 피고, 열매를 맺어 같은 종류의 씨를 만들어 번식한다는 것이야.

차이점은

한해살이 식물은 벼, 옥수수처럼 한 해만 살고 죽고, 여러해살이 식물은 사과나무, 진달래처럼 여러 해 동안 죽지 않고 살아 있어.

정답

MEMO